U0388757

国家出版基金资助项目

湖北省学术著作出版专项资金资助项目

数字制造科学与技术前沿研究丛书

非线性共振式与耦合共振式振动时效装置研究

蔡敢为　李岩舟　黄院星　王汝贵　著

武汉理工大学出版社

·武　汉·

内 容 提 要

本书介绍了两种应用振动时效消减高刚度工件残余应力的途径,可能使适合采用振动时效方法消减残余应力的工件类型大为增加,工程应用领域也可能得到很大的扩展,也符合节能减排的需要。

本书主要介绍作者关于非线性共振式和弯扭耦合共振式振动时效装置的研究工作。本书适合相关领域的研究者、工程技术人员、研究生等参考。

图书在版编目(CIP)数据

非线性共振式与耦合共振式振动时效装置研究/蔡敢为等著.—武汉:武汉理工大学出版社,2018.4

ISBN 978-7-5629-5776-8

Ⅰ.①非… Ⅱ.①蔡… Ⅲ.①振动时效-研究 Ⅳ.①O32

中国版本图书馆 CIP 数据核字(2018)第 084496 号

项目负责人:田 高 王兆国　　　　　　　　责任编辑:雷 芳
责任校对:刘 凯　　　　　　　　　　　　　　封面设计:兴和设计
出版发行:武汉理工大学出版社(武汉市洪山区珞狮路 122 号 邮编:430070)
　　　　　http://www.wutp.com.cn
经销者:各地新华书店
印刷者:武汉中远印务有限公司
开　本:787mm×1092mm　1/16
印　张:8
字　数:148 千字
版　次:2018 年 5 月第 1 版
印　次:2018 年 5 月第 1 次印刷
印　数:1—1500 册
定　价:59.00 元

凡购本书,如有缺页、倒页、脱页等印装质量问题,请向出版社发行部调换。

本社购书热线电话:027-87515778　87515848　87785758　87165708(传真)

· 版权所有,盗版必究 ·

数字制造科学与技术前沿研究丛书
编审委员会

顾　　　问：闻邦椿　徐滨士　熊有伦　赵淳生

　　　　　　高金吉　郭东明　雷源忠

主 任 委 员：周祖德　丁　汉

副主任委员：黎　明　严新平　孔祥东　陈　新

　　　　　　王国彪　董仕节

执行副主任委员：田　高

委　　　员（按姓氏笔画排列）：

David He	Y. Norman Zhou	丁华锋	马　辉	王德石
毛宽民	冯　定	华　林	关治洪	刘　泉
刘　强	李仁发	李学军	肖汉斌	陈德军
张　霖	范大鹏	胡业发	郝建平	陶　飞
郭顺生	蒋国璋	韩清凯	谭跃刚	蔡敢为

秘　　　书：王汉熙

总责任编辑：王兆国

总　　序

当前,中国制造 2025 和德国工业 4.0 以信息技术与制造技术深度融合为核心,以数字化、网络化、智能化为主线,将互联网＋与先进制造业结合,正在兴起全球新一轮数字化制造的浪潮。发达国家特别是美、德、英、日等先进制造技术领先的国家,面对近年来制造业竞争力的下降,最近大力倡导"再工业化、再制造化"战略,明确提出智能机器人、人工智能、3D 打印、数字孪生是实现数字化制造的关键技术,并希望通过这几大数字化制造技术的突破,打造数字化设计与制造的高地,巩固和提升制造业的主导权。近年来,随着我国制造业信息化的推广和深入,数字车间、数字企业和数字化服务等数字技术已成为企业技术进步的重要标志,同时也是提高企业核心竞争力的重要手段。由此可见,在知识经济时代的今天,随着第三次工业革命的深入开展,数字化制造作为新的制造技术和制造模式,同时作为第三次工业革命的一个重要标志性内容,已成为推动 21 世纪制造业向前发展的强大动力,数字化制造的相关技术已逐步融入到制造产品的全生命周期,成为制造业产品全生命周期中不可缺少的驱动因素。

数字制造科学与技术是以数字制造系统的基本理论和关键技术为主要研究内容,以信息科学和系统工程科学的方法论为主要研究方法,以制造系统的优化运行为主要研究目标的一门科学。它是一门新兴的交叉学科,是在数字科学与技术、网络信息技术及其他(如自动化技术、新材料科学、管理科学和系统科学等)与制造科学与技术不断融合、发展和广泛交叉应用的基础上诞生的,也是制造企业、制造系统和制造过程不断实现数字化的必然结果。其研究内容涉及产品需求、产品设计与仿真、产品生产过程优化、产品生产装备的运行控制、产品质量管理、产品销售与维护、产品全生命周期的信息化与服务化等各个环节的数字化分析、设计与规划、运行与管理,以及整个产品全生命周期所依托的运行环境数字化实现。数字化制造的研究已经从一种技术性研究演变成为包含基础理论和系统技术的系统科学研究。

作为一门新兴学科,其科学问题与关键技术包括:制造产品的数字化描述与创新设计,加工对象的物体形位空间和旋量空间的数字表示,几何计算和几何推理、加工过程多物理场的交互作用规律及其数字表示,几何约束、物理约束和产品性能约束的相容性及混合约束问题求解,制造系统中的模糊信息、不确定信息、不完整信息以及经验与技能的形式化和数字化表示,异构制造环境下的信息融合、信息集成和信息共享,制造装备与过程的数字化智能控制、制造能力与制造全生命周期的服务优化等。本系列丛书试图从数字制造的基本理论和关键技术、数字制造计算几何学、数字制造信息学、数字制造机械动力学、数字制造可靠性基础、数字制造智能控制理论、数字制造误差理论与数据处理、数字制造资源智能管控等多个视角构成数字制造科学的完整学科体系。在此基础上,根据数字化制造技术的特点,从不同的角度介绍数字化制造的广泛应用和学术成果,包括产品数字化协同设计、机械系统数字化建模与分析、机械装置数字监测与诊断、动力学建模与应用、基于数字样机的维修技术与方法、磁悬浮转子机电耦合动力学、汽车信息物理融合系统、动力学与振动的数值模拟、压电换能器设计原理、复杂多环耦合机构构型综合及应用、大数据时代的产品智能配置理论与方法等。

围绕上述内容,以丁汉院士为代表的一批我国制造领域的教授、专家为此系列丛书的初步形成,提供了他们宝贵的经验和知识,付出了他们辛勤的劳动成果,在此谨表示最衷心的感谢!

《数字制造科学与技术前沿研究丛书》的出版得到了湖北省学术著作出版专项资金项目的资助。对于该丛书,经与闻邦椿、徐滨士、熊有伦、赵淳生、高金吉、郭东明和雷源忠等我国制造领域资深专家及编委会讨论,拟将其分为基础篇、技术篇和应用篇3个部分。上述专家和编委会成员对该系列丛书提出了许多宝贵意见,在此一并表示由衷的感谢!

数字制造科学与技术是一个内涵十分丰富、内容非常广泛的领域,而且还在不断地深化和发展之中,因此本丛书对数字制造科学的阐述只是一个初步的探索。可以预见,随着数字制造理论和方法的不断充实和发展,尤其是随着数字制造科学与技术在制造企业的广泛推广和应用,本系列丛书的内容将会得到不断的充实和完善。

《数字制造科学与技术前沿研究丛书》编审委员会

前　言

　　振动时效是消减工件残余应力的一种有效手段,与自然时效和人工热时效方法相比,振动时效具有无污染,效率高,节约时间、能源、费用等特点,也是节能减排的一项重要措施,在避免热时效过程中工件氧化、工件受热不均而导致裂变或在冷却过程中产生新的应力等方面也具有益处。人们对振动消减残余应力长期关注并持续地研究了几十年,其在1991年被国务院新技术办公室批准为国家重点推广项目,1993年被国家科委列为"国家级科技成果重点推广计划"项目,但至今其应用范围还很有限,还有很大的潜力没有发挥出来。

　　我于2010年左右开始进行振动时效消减工件残余应力方面的工作,发现振动时效在消减残余应力方面表现出普遍的有效性和效果的不稳定性,即振动时效在很多方面都得到了采用并有一定效果,但同时又存在有时候有效果,有时候没有效果的现象。这主要是一些这方面的工作人员对振动时效的基本机理没有全面认识所至。同时,有很多工件难以采用振动时效工艺,则是由于许多工件的固有频率远远高于现行振动时效装置所能产生的激振频率,无法使工件产生振动时效所要求的共振和动应力。为此,在过去多年从事振动研究工作的基础上,我尝试从两条途径研究振动时效新方法及其装置。其一是依据非线性振动系统在一定条件下可产生频率远高于激振频率的超谐共振等非线性振动的原理,采取现行激振器作用于非线性振动系统使其产生远高于原激振频率的超谐共振或组合共振,该非线性振动系统再以接近高刚度工件固有频率的新激振频率作用于工件,使其产生主共振和相应的动应力以消减工件的残余应力。其二是以高刚度轧辊等轴类工件为对象,研究通过工件弯扭耦合共振产生的组合动应力来消减其残余应力。我们研究了这两种振动方法消减工件残余应力的机理和新型振动时效装置的设计理论,并进行了系列的实验研究。先后申请并获得授权国家发明专利10多项,已发表或待发表学术论文20多篇,还为即将出版的《10000个科学难题·制造科学卷》丛书撰写了"振动时效的机理"的条目。

　　广西大学博士生李岩舟、李俊明和硕士生邓培参与了非线性振动时效装置的研究工作,博士生黄院星、硕士生关卓怀参与了弯扭耦合共振式振动时效装置的研究,此后,王汝贵教授也加入非线性共振式振动时效装置的部分研究。此外,硕士生吴健军、谷振兵和本科生高良泽、陈永振也参加了非线性振动时效装置的实验研究工作。他们对这些工作做了重要贡献,本书的一些内容也参考并引用了他们的部分学位论文。然而,建立关于非线性共振式和弯扭耦合共振式振动时效装置的设计理论也非一蹴而就的工作,还需要大量的理论和实验研究,也需要大量的工程实践工作经验积累。我们撰写本书,希望总结我们在这方面至今的工作成果,介绍给相关研究者和工程技术人员参考。我们更希望这本书能够起到抛砖引玉的作用,让更多的研究者、工程技术人员关注、研究、应用消减残余应力的新方法,让振动时效技术得到更多更好的应用,更好地服务于各种消减残余应力的场合。

我们的研究工作得到了国家自然科学基金(51365004)和广西自然科学基金重点项目(2014GXNFDA118033)的支持,在本书的撰写、出版过程中又得到了国家出版基金和湖北省学术著作出版专项资金的支持,在此谨向这些资助部门表示衷心的感谢。

虽然本书以介绍我们关于新型振动时效装置的工作为主,但为了叙述的完整性,需要介绍相关非线性振动理论等知识,所以引用了有关文献中的相关介绍。在此向本书引用或参考的大量中外文献的作者表示衷心感谢。

在本书的撰写出版过程中,得到了武汉理工大学出版社的大力支持,在此谨致感谢。武汉理工大学原校长周祖德教授认真地审阅了初稿,并提出了很多宝贵的修改建议,特此衷心感谢。由于我们学识与能力所限,书中存在许多不完善甚至可能错误的地方,恳请读者不吝赐教,帮助我们完善与提高,不胜感激。

蔡敢为

2017 年 6 月于南宁

目　　录

1 绪 论

1.1 振动时效研究概况

早在 20 世纪初期,振动时效消除残余应力的设想方案就在美国取得专利[1]。但直到 20 世纪 50 年代,在能源紧张的情况下,人们才开始加强振动时效的机理与应用研究,该技术也成了公认有效的消减残余应力的方法,并开始逐步有振动时效装置投放到市场上。Wozney 和 Crawmer 详细研究了钢的振动时效机理以及产生应力松弛的条件[2],并得出至今最为重要的振动时效条件——要减小残余应力,加载的动应力与残余应力的叠加要大于材料的屈服极限。Lokshin 对铸铝环施以共振循环应力加载,应力松弛效果达到 70%[3]。1971 年,Sagalevich 和 Meister 对焊接而成的货车车架进行振动处理,使残余应力减小为 50%[4]。20 世纪 80 年代,Dawson R 和 Moffat D G 在实验室模拟振动时效处理,结果表明共振处理对于热轧低碳钢、冷轧低碳钢和铝合金可以消除几乎表面全部的残余应力[5]。90 年代,Walker C A 等使用 EN3b 低合金轧钢做振动时效处理,在 100 Hz 振动下可以降低其 40% 的残余应力[6]。Munsi A S 等对圆筒焊接轴做扭转振动试验,结果表明扭转振动可以使焊缝的残余应力重新分布[7]。Lindgren M 等研究了轴向焊接钢管振动时效处理[8]。但少见采用振动时效方法有效消减高刚度工件残余应力方面的研究。

20 世纪 70 年代振动时效技术被引进到我国[9],房德馨等用实验证明了振动时效消除焊接残余应力的有效性,提出了用动态参数的变化作为工艺监测的标准,给出了确定激振参数的基本原则[10]。焦馥杰等用位错理论研究了振动时效减少残余应力的程度与金属中位错密度变化有关[11]。查利权等研究了振动时效机理及振动时效中残余应力松弛量与附加动应力之间的关系[12]。Rao D L 等对焊接结构件焊后振动消除焊接残余应力做了研究,振前和振后使用盲孔法对焊缝的残余应力进行测量,应力下降 30%～50%[13]。宋天民等通过透射电镜观察实验,探讨了振动时效效果与金属材料中位错组态与位错密度变化的内在联系[14]。徐颖强等研究了振动时效过程中,金属材料的位错密度和晶格扭曲程度对结构动态参数的影响[15]。近几年研究有了进一步的发展:Li 等对机床床身的振动时效工艺的研究[16]。Yang 等对车床床身的振动时效过程参数做了研究[17]。Zhao 等基于有限元法对焊件振动时效的模拟做了研究[18]。Zhang 等对由 35CrMnMo 制成的钻杆的振动时效做了研究,在振动处理前后的钻杆七个测试点测量残余应力,残余应力振后有明显下降[19]。Jia L 等对使用振动时效方法对焊接件的残余应力释放效果进行了实验研究,用盲孔法测得残余应力的降低率大于《振动时效效果评定方法》(JB/T5926—2005)规定的最小值[20]。此外,何闻教授等人提出并研究了一种高频振动时效[21],是采用稀土超磁致伸缩高频激振器,产生高频机械振动信号(频率大于 1kHz,如 6kHz)来激励构件的很小的局部,使构件在小范围内发生所谓局部微观共振,即金属颗粒尺度上的共振,使构件内处于亚稳定状态的高能金属原子团获得能量,当大于这些原子团的激活能时,这些原子团将克服周围原子团的束缚回到原来稳定低能的平衡位置上,从而使构件内部位错减少、残余应力在微观上减小,进而达到削弱或消除宏观残余应力的目的。这种理论和方法在消减残余应力方面的效果还有待进一步观察和检验。

现行振动时效一般是以工件的固有频率对工件激振,使工件产生共振,从而在有效利用能源、节约成本的情况下,完成振动时效。但由于现行激振器的频率大多都在 200Hz 以内,高刚度工件的振动时效一直是一个难以克服的问题。人们为了解决该问题,尝试了许多方法,如:①工件串接降频法:对沿长度方向端面整齐的工件,用螺栓或夹具将各工件刚性连接起来。②振动台法:将工件刚性装卡于振动台上随振动台一起振动。但是,这些方法均很难取得预期效果。因为这些措施并不能改变工件本身的刚度,而所使用的激振器激振频率还是远低于高刚度工件的固有频率,因此工件难以产生足够弹性变形的共振。例如振动台法,只是振动台在刚度较小的弹簧支撑下的振动,虽然可以在低频激励下产生共振,但在振动台的这种振动中,高刚度工件不会发生弹性变形的振动,而只会以刚体的形式随着振动台的振动做刚体运动。工件这种作为刚体的运动不会产生振动时效所需要的弹性变形和动应力,因此,起不到振动时效的效果。而且,工程上还出现一些不正确的认识和采取一些不恰当的方法,如有文献介绍某从事生产振动时效设备的公司,以为应用频谱分析仪器就可以找到高刚度工件的低阶固有频率,而由频谱分析仪器加上现在的低频振动时效装置就可以解决高刚度工件的振动时效问题。但实际上高刚度工件的最小固有频率就很高,靠频谱分析仪是不可能找到高刚度工件本身就不存在的低阶固有频率的。低频振动时效装置也不能使高刚度工件产生弹性变形的共振。实际上这种装置是不可能解决高刚度工件的振动时效问题的。振动时效要达到消减残余应力的目的,必须达到足够的动应力,工件要产生共振条件下的弹性变形和动应力就必须有符合共振条件的激振力的作用,这是不能违背的客观规律。还有文献所公开的专利申请中声称想要解决高刚度工件振动时效的问题,提出的方案却是现行普通的激振器系统,只是在描述中用了动力放大系数这个普通的概念,而所提线性系统的输入输出频率没有改变,该低频激励是无法激发高刚度工件产生共振的。

从国内外振动时效的研究和应用来看,高刚度工件的振动时效问题还没有得到有效解决,工程实际中仍然有大量的高刚度工件未能采用振动时效方法来消减残余应力。根据国内外振动时效的研究与应用情况可以看出,经过几十年的发展,人们对振动时效消减残余应力的机理提出了多种解释,只是其中不少还未经过实验证实,也还未获得学术界共识,但其中加载的动应力与残余应力的叠加大于材料的屈服强度可获得残余应力的减少[2]这一准则却是经过长期实践验证的共识,人们在振动时效工作实践中也多是依据这一准则。至今振动时效消减残余应力的应用范围还很小,其主要原因是许多高刚度工件的固有频率远远高于现行振动时效装置的激振频率,现行的振动时效装置无法使高刚度工件产生共振及相应的动应力。因此研究新的激振方式和装置,获得工件共振及足够大的动应力,是解决高刚度工件振动时效难题的一条切实可行的重要途径。

数十年来,关于振动时效的文献源源不断,但多是介绍针对某个具体构件的振动时效的方案及效果,关于振动时效机理的研究不多。在振动时效的机理的研究方面,学者先后从微观、宏观的角度提出了塑性变形理论、宏观微观应力理论、位错理论、弹性变形理论、挤压(拉伸)理论、内耗理论等,但多数未经过实验的证实[14]。此后很长时间,人们关于振动时效机理的研究多是对这些理论进行分析、验证、延伸等。20世纪90年代,宋天民等[14]以实验观测为基础,结合位错理论与内耗理论来解释振动时效的机理,认为振动时效的过程是金属材料内部晶体位错运动、增殖、塞积和缠结过程,其效果是位错组态变化和密度变化的结果。Walker

等[6]研究了位错运动的振动时效模型。直到近年,何闻等[21,22]提出"高频振动时效",Shalvandi 等[23]提出"超声振动时效",他们提出的这类振动时效的机理基本上仍然是类似现行振动时效的微观机理,但他们的振动时效方法已是新的方法。虽然振动时效早已在众多领域被采用,其宏观、微观机理的研究也都取得了不少成果,相关假设也具有合理性并部分得到验证。但由于残余应力尤其是工件内部深处的残余应力不容易检测,要检测构件在振动的动应力作用下的残余应力消减过程则更加困难。因此,人们对振动消减残余应力的过程仍没有清晰的了解,现在关于振动时效机理的理论还不够完善。振动时效表现出普遍的有效性和效果的不稳定性、难控制性,在各领域振动时效都表现出明显的有效性,但有时又效果不佳,甚至没有一点效果。特别是在我国,振动时效的应用还十分有限,许多企业应用振动时效后没有效果或效果太差,只好又放弃振动时效,重新采用热时效。即使是经过精心设计的振动时效的工艺研究,其结果也常常大相径庭,有的文献报道可以消除工件表面几乎 100% 的残余应力[5],而在另外的文献中却不能达到40%[6]。现在关于振动时效机理的假设或理论,还不够系统、完善,有的人认为只有动应力加残余应力大于屈服极限才能够消减残余应力,有的人则认为动应力加残余应力即使远小于屈服极限都可能消减残余应力;人们可能还会发现,有些振动时效的假设之间还存在矛盾。当发现恰当的振动的确可以消减残余应力并在工程实践中获得了应用时,人们充满了对这项新技术美好前景的憧憬,并满怀热忱地将其应用于各种场合。然而,几十年过去了,振动时效的应用远没有人们当初期望的那样广泛。振动时效的应用范围还能扩展多少,它的效果能否更好、更稳定,真的能够完全取代人工热时效吗? 人们的疑惑源自于关于振动时效的理论还不够全面、系统、深入、完善。今天,当人们面对研究、应用了几十年的振动时效仍然不断出现效果不稳定、难控制时,可能会怀疑这些年关于振动时效的假设及其理论的全面性、真实性和准确性:究竟动应力加残余应力达到材料屈服极限后,会不会发生微观的塑性变形,如果发生微观塑性变形,这种微小变形是什么尺度,有什么规律;振动时效的微观机理究竟是不是"……交变应力下位错的变化是一个不断被激发放出位错、位错塞积、塞积开通的过程。伴随着此过程的进行,残余应力峰值下降……"[24];对于这些或久远或新近提出的假设、理论,还需要再重新审视、检验吗? 至少可以肯定,在构件振动的动应力作用下残余应力消减的过程中,一定还存在一些不为人知的关键机制没有被发现,彻底、全面地认识振动时效的机理仍然是制造科学领域的一个难题,实验检测技术的新进展、材料微观力学的新理论可能有助于人们破解这个难题。

1.2　非线性振动研究概况

非线性振动的研究已有很长的历史,不仅有很多介绍非线性振动各方面研究的文献,而且已有很多专著和教材对非线性研究的文献做了很好的综述介绍[25,26]。因此,这里仅作简单介绍。

非线性科学是研究不同学科中的非线性现象共性的一门国际前沿学科[27]。非线性动力学作为非线性科学中的一个重要分支,较早的研究有 Huygens 观察、两只时钟的同步化现象等,从 19 世纪末期该学科的研究开始系统化,Lyapunov、Poincnre 等科学家逐步建立了研究的定性方法,接着从实验上、实际工程中 Pol Vander 和 Duffing 等观察到了相应的非线性动力学现象;同时 Krylov 等发展了近似解析方法。这三者相辅相成,推动了非线性动力学的发展。特别是由于现代化的生产对机械设备提出更高的要求,不能按照传统的设计仅考虑设备的静态性能,还要考虑设备的动态特性,所以目前学术界有关机械设备振动问题的研究得到了较高的重视,非线性振动及其在工业生产中的应用方面的研究更是引人注目。

关于非线性振动问题的研究方法,一方面是进行实验研究,另一方面就是理论研究。只有为数很少的一些非线性振动微分方程可求其精确解,通常情况下只能用近似方法求解。理论研究可用方法主要有定性方程及定量方法[28]:定性方法即通常所说的几何方法,基于几何理论用相平面上的轨线来表示非线性系统的运动,该方法的优点是能够把解的主要性质和特征直观清楚地显示出来,缺点是只显示出其特征却得不到定量的结果;定量方法又可分为解析方法和数值解法,解析方法主要有平均法、多尺度法、广义谐波平衡法、L-S(Liapunov-Schmidt)方法和奇异性理论、规范形(Normal Form)和 Melnikov 方法、中心流形理论和惯性流形理论等[29,30]。

振动利用方面的研究也不断有新的进展,振动利用的领域也不断地被拓展。其中,中国学者做出了很大贡献,如闻邦椿院士根据非线性振动原理对振动机械的研究,赵淳生院士关于超声电机的研究,等等。中国率先提出了"振动利用工程"学科的概念[31],中国振动工程学会还成立了振动利用工程专业委员会。在振动机械方面的非线性振动理论取得很多成果[31-35]，如关于振动离心机的非线性惯性力动力学模型、关于弹簧摇床的不对称的软式的分段线性的非线性力学模型、关于惯性圆锥振动破碎机的带有间隙的滞回非线性力学模型、振动机分段慢变与双参数慢变的非线性动力学模型，等等。同时，还利用非线性振动理论研究出较多新型振动机构[31]，如含非线性不对称弹簧的近共振机构、软式与硬式组合的复杂分段线性非线性的近共振振动筛，等等。

1.3　弯扭耦合振动研究概况

转子系统弯扭耦合振动的研究方法有实验研究、数值计算和解析计算等。Tondl[36]在 1965 年对一对不平衡汽轮发电机模型进行研究时，第一次提出了弯曲振动与扭转振动会产生耦合现象，指出当旋转频率等于弯曲固有频率与扭转固有频率之和或之差时，检测到了不稳定区域。Rabkin[37]研究了多盘柔性转子受到激励扭矩下的弯扭耦合振动，他获得的发现和 Tondl 得到的结论较为相似。Kellengberger 等[38]研究弯曲与扭转振动之间的相互作用，研究发现，由于弯扭振动相互耦合，扭转共振可以激发弯曲振动，而该弯曲振动的幅值比其他共振产生的弯曲振动振幅更高。Cohen 和 Porat[39]研究了一个与电机连接的偏心转子的弯曲振动和扭转振动，研究指出，阻尼对弯扭耦合之间振幅有影响，并对稳定性进行了研究，其非线性的数学模型中考虑了陀螺力矩的影响。Sukkar 和 Yigit[40]建立了一个基于简单 Jeffcott 模型的转轴，通过 Euler-Bernoulli 梁理论来分析轴向载荷作用之下的弯扭耦合振动，其中忽略了陀螺力矩的影响，该文献指出，轴向力对弯扭耦合振动的响应有重要影响。Al-Bedoor[41]研究了碰摩影响之下偏心的 Jeffcott 转子的弯扭耦合振动，忽略了由圆盘涡动造成的陀螺力矩效应，研究指出，弯扭耦合振动的方程具有非线性，偏心质量被视为一个以转角为变量的周期函数，而转角与时间有关。Al-Bedoor[42]还建立了一个具有偏心质量影响的弯扭耦合数学模型，他将涡动转速和扭转变形视为两个独立的自由度，是一个简单 Jeffcott 模型（并且忽略陀螺力矩的影响），通过数值计算得出结论：弯扭之间的耦合展现出了非线性项，文章也建议将该建模方法运用于更多自由度的模型。Ittapana Perera[43]研究了支撑在刚性轴承之上的两圆盘无质量轴系，使用 Newmark 法进行数值分析，并通过实验得到弯扭耦合的现象，研究指出，当不平衡转子以频率 f_r 旋

转并受到扭转振动频率 f_t 激励时,将会在频率 $|f_r \pm f_t|$ 处产生一个弯曲振动,如果 f_t 恰好等于扭转固有频率,产生的 $|f_r \pm f_t|$ 频率也将等于弯曲固有频率,就能引起弯扭耦合共振。Yuan Z 等[44]建立了一个具有偏心质量的 Jeffcott 转子模型,采用谐波平衡法和 Floquet 理论研究了弯扭耦合的稳定性,通过解析分析和数值仿真观察到了弯扭耦合现象。Qin Q H 和 Mao C X[45]应用哈密顿理论分析了一个具有 10 个自由度的弯扭耦合转轴模型,模型中考虑了翘曲惯量、扭转惯量、陀螺效应、剪切变形、内部黏性和迟滞阻尼,以及偏心不平衡力的影响,基于 Timoshenko 梁-轴单元建立弯扭耦合数学模型,每个节点具有 5 个自由度,应用 wilson-θ 法求解了系统的动态响应,没有将动态偏心质量作为独立的单元计入,因而只能求得临界转速和不平衡响应,没有求得时域响应和对应的频域响应,得不到弯扭耦合的情况。Plaut R H 和 Wauer J[46]通过 Galerkin 法离散 Euler-Bernoulli 梁的偏微分方程组,用多尺度法求解当转速等于弯扭固有频率之和时的近似解,分析指出,当旋转频率接近扭转振动固有频率与弯曲振动固有频率之和时,外激励下将产生组合共振形式的振动。Mohiuddin M A[47]介绍了运用有限元法来建立转子-轴承系统的动力学模型的方法,即使用拉格朗日方程推导转子弯扭耦合弹性动力学模型,该模型考虑了陀螺效应、转动惯量,通过模态截断来获得降阶模态,通过数值仿真得到动力学模型的振型和不同激励下的动态响应,文章指出,复杂的系统在采用有限元模型时可以结合所提出的降维方法来进行高效计算。Mohiuddin M A[48]通过有限元法建立了弯扭耦合数学模型,求解了锥形转轴的固有频率,分析了锥度对固有频率的影响。Chen C S[49]通过有限元法建立了齿轮转子轴承的弯扭耦合数学模型,计算了转轴受到啮合力作用下的弯扭耦合振动响应,文中详细说明了转子-轴承-齿轮系统的总体矩阵的组集方式。Kapania R K[50]用 Rayleigh-Ritz 法、基函数的正交多项式来分析旋转梁的弯扭耦合振动,分析的转轴类型包括旋转或非旋转的欧拉-伯努利梁、瑞利梁、考虑剪切与转动惯量的 Timoshenko 梁,用 NASTRAN 有限元软件对理论进行了验证计算,分析指出,弯扭耦合振动产生的原因是当转轴截面的剪切中心和质心不重合,导致在弯曲振动时会产生扭转振动,反之亦然。Nelson H D[51]运用有限元法建立了基于 Timoshenko 梁理论的旋转轴动力学模型,模型中综合考虑了转动惯量、陀螺力矩、剪切变形、轴向载荷、内阻尼的影响,通过数值计算发现,当单元数目增加时,计算结果更加精确。Greenhill L M[52]运用有限元法建立了具有锥形截面的转子的动力学模型,基于 Timoshenko 梁理论和拉格朗日方程推导出了其动力学方程,方程中考虑了不

平衡力、转动惯量、剪切变形、陀螺效应、轴向载荷、内阻尼的影响,方程适合圆柱截面和圆锥截面两种转子,推导出的动力学方程方便编程,其中考虑了轴向力的作用。Khulief Y A 等[53]通过有限元法建立了复杂转子系统的动态模型,包含了陀螺力矩效应、弯扭耦合、材料内阻尼、剪切效应和各向异性轴承,计算了弯扭耦合的模态。Agostini C E 等[54]建立了基于 Euler-Bernoulli 空间梁单元的钻柱有限元方程,每个节点 12 个自由度,通过 MATLAB 进行数值分析求得转速和固有频率的关系图(Campbell diagram,坎贝图)。Khulief Y A 和 Al-Naser H[55]通过有限元法建立了钻柱的弯扭轴耦合数学模型,每个单元 12 个自由度,考虑了陀螺力矩和重力的影响,通过对降阶模型和完整模型的计算对比得出结论:降阶模型与完整模型的模态分析和瞬态动力学分析结果是一致的,适合处理复杂的模型。An X L 等[56]考虑了一个 Jeffcott 垂直偏心转子的弯扭耦合振动,忽略陀螺力矩的影响,通过四阶龙格库塔方法计算了弯振和扭振响应,结果表明,在冲击初期弯扭耦合振动比较明显,而转速稳定之后,弯扭耦合不明显。Wu J S 和 Yang I H[57]通过传递矩阵法建立了多自由度转轴系统受到外部扭振激励下的弯扭耦合振动,研究指出,耦合振动发生在旋转频率等于弯曲振动固有频率与扭转振动固有频率之和或之差处。Hsieh S C 和 Chen J H 等[58]采用改进的传递矩阵法建立了轴对称和非轴对称转子轴承系统的弯扭耦合振动模型,在周期性力矩的作用下通过数值计算得到了弯扭耦合振动的位移响应,仿真中采用的扭振激励幅值达到了5000nm,研究指出,激励扭矩的频率为旋转频率的倍数时,出现超谐形式的响应。Ferfecki P[59]采用 Bernoulli-Euler 梁理论通过有限元法建立了裂纹转子的弯扭耦合振动模型,考虑了轴向位移,外部扭振激励的幅值达到 300nm,通过数值方法求解了无裂纹和有裂纹存在时的弯扭耦合振动响应,研究指出,扭振激励产生了旋转频率与扭振激励频率的倍数之和或之差的横向振动,裂纹作为耦合因素引起了弯扭耦合振动。Darpe A K 和 Gupta K 等[60]采用 Timoshenko 梁理论通过有限元法建立了裂纹转轴的数学模型,通过数值计算得到了扭振激励下裂纹转子的弯扭耦合振动响应,得到了与 Ferfecki P 类似的结论,然而,由于 Timoshenko 梁能够考虑剪切变形,因此结果比采用 Bernoulli-Euler 梁理论的更准确。Szolc[61]将转轴分成连续黏弹性单元,并离散弯扭耦合振动偏微分方程,计算了汽轮压缩机的自由振动频率和叶片飞脱的弯曲振动和扭转振动响应,研究发现,由于弯扭耦合,在扭振激励下会产生组合振动形式的响应。Das A S[62]建立了偏心转轴的有限元模型,采用多尺度法研究转轴受到电磁力激励下的弯扭耦合振动,并对振动进行了主动控制,文中所推导的质量矩阵、刚度矩阵和阻尼矩阵呈现非对称性,研究发现,由于耦合作用,电磁横向激励将产生一个频率为旋转频率和电磁激励频率之和或之差的扭振频率。Tchomeni B X 等[63]建立了动态偏心下受到碰摩参数激励的 Jeffcott 转子的弯扭耦合振动模型,考虑了轴向作用力和呼吸裂纹的影响,通过 Runge-Kutta 数值分析和傅立叶变换求得弯扭耦合动态响应,研究指出,轴向力的存在对系统弯扭振动响应的影响是相当大的。Rao J S[64]建立了 Timoshenko 梁单元的弯扭耦合数学模型,给出了各单元的矩阵,在这些矩阵的基础上,能求固有频率和不平衡响应。Kulesza Z[65]采用有限元法对裂纹转子的弯扭耦合振动进行了研究,其中,数值计算时采用的周期性扭矩幅值为 500N,频率为 60Hz 和 80Hz,研究结果表明,弯扭耦合理论可以用来识别裂纹参数。

黄典贵等[66]人推导了一个考虑弯扭耦合的不平衡 Jeffcott 模型,此模型考虑 3 个自由度,即两个横向位移和一个扭转角位移,通过积分法计算了弯扭耦合非线性方程,研究指出,由于扭矩激振力的存在,弯、扭耦合作用将是很强烈的,而没有偏心时,弯曲和扭转之间的相互影响很小。蔺蒙[67]建立了单质量类发电机转子弯扭耦合振动微分方程,分析了弯振阻尼、扭振阻尼对弯扭耦合特性的影响,研究指出,弯振阻尼对弯扭耦合振动的影响较大,扭振阻尼则影响较小。任福春等[68]建立了具有集中参数的简化轴系弯扭耦合模型,阐述了弯扭耦合的作用机理,通过实例的数值分析论证了弯扭耦合作用的存在性,研究指出,由于耦合作用,在大部分转速下,当激励频率为扭振固有频率时,扭振激励能较大地改变弯曲振动幅值。何成兵等[69]针对质量偏心的 Jeffcott 转子模型建立了单圆盘转子的简单弯扭耦合模型,忽略陀螺力矩的影响,计入重力影响,应用小参数法得到弯扭耦合振动的解析解,计算结果表明,弯振与扭振是相互耦合的,质量偏心是耦合的前提,并分析了弯扭耦合振动的产生机制。沈小要等[70]推导了在外激励力和激励扭矩作用下同时考虑重力和陀螺效应影响的转子系统弯扭耦合运动方程,采用数值仿真研究了系统弯扭耦合的非线性振动特性,并指出该研究可为外激励力作用、裂纹或碰摩时转子的弯扭耦合振动特性研究提供一定基础。贾九红[71]在沈小要的基础上,运用该方法研究了外部激励作用下不平衡转子弯扭耦合振动特性,研究表明,当有外激励力作用于转子上时,通过弯扭耦合振动,该激励力将激发频率为旋转频率和外激励力频率之和或之差的扭转振动成分;当有外激励扭矩作用于转子上时,由于弯扭耦合作用,该激励扭矩将激发频率为旋转频率和外激励扭矩频率之和或之差的弯曲振动成分。赖凌云[72]运用拉格朗日方程等建立了考虑非线性刚度的双圆盘转子弯扭耦合振动方程,并求出不平衡转子弯扭耦合共振解析解,通过数值模拟分析了弯扭耦合振动的机理,得出结论:当同时考虑不平衡和外激励作用下,弯扭耦合使得在扭振中出现了被弯振激发出的旋转频率与所加弯振频率之和或之差的频率成分;在弯振中出现了被扭振激发的旋转频率与所加扭振频率之和或之差的频率成分。付波[73]建立了立式机组轴系(单质量不平衡转子)在考虑陀螺效应后的弯扭耦合振动微分方程,通过数值仿真分析了方程的动力学特性,文章也讨论了水轮发电机轴系联轴器平行不对中的弯扭耦合问题,研究表明,外激励力与频率为旋转频率与外激励力频率之和或之差的扭振相耦合,轴向附加力矩由于耦合作用在弯振中产生频率为旋转频率与该力矩频率之和或之差的耦合频率成分。张勇等[74]基于分布质量模型建立了转子弯扭耦合的偏微分动力学方程,该方程考虑了不平衡、陀螺力矩、转动惯量、剪切变形及阻尼的影响,由于弯曲振动和扭转振动耦合的关系,该模型为高阶非线性偏微分方程组,无法得到解析解,只能得到数值解,求解很困难;研究指出当轴系存在不平衡时,扭转振动与弯曲振动的相互耦合关系非常明显,实际的轴系总是存在一定量的不平衡,因此扭转振动与弯曲振动之间的耦合是不可避免的。张勇等[75,76]进一步对推导出的动力学偏微分方程组进行了数值分析的介绍,该方法可以同时计算出轴系的弯曲振动和扭转振动的瞬态响应,并对非线性偏微分动力学方程也做了分析,研究得到,随着不平衡量的增加而弯扭耦合作用增强,分析扭转振动与弯曲振动之间的相互影响,得到了扭转振动和弯曲振动相互加强的机制。殷建锋[77]也基于分布质量模型建立了旋转轴系的偏微分动力学方程,方程考虑了不平衡力、陀螺力矩、转动惯量、剪切变形和阻尼的影响。文章中没有对方程组进行相关的计算,只解释了方程组中扭转振动与弯曲振动之间的耦合关系,运用传递矩阵法计算了固有频率,文章通过实验得到结论:主动控制能有效地对轴系的扭转振动、弯曲振动以及弯扭耦合振动进行控制。何成兵等[78]基于分布质量模型推导了各类轴段包括轴承处轴颈微元轴段和联轴器处微元轴段的弯扭的弯扭耦合振动微分方程组。文章没有对方程组进行求解,只对方程组进行了讨论。文章指出,轴系质量偏心是弯扭耦合的一个前提。张俊红等[79]综合考虑了轴系不平衡、陀螺力矩、剪切变形、转动惯量、内外阻尼等因素,对上述已有的耦合偏微分动力学方程,运用有限差分法、Newmark 法求得动力学响应,分析动力轴系弯扭耦合振动中的弯振特性,研究发现,如果偏心、弯振激励保持不变,只是扭振激励幅值改变,那么陀螺力矩会改变弯曲振动幅值。类似地,李强等[80]在文章中以某风洞动力轴系为对象进行了分析,得到另外一个结论:偏心距过小时,转动惯量同样能够明显影响弯曲振动,因此即便处理小偏心问题时也需要考虑转动惯量。何成兵[81]提出了用增量传递矩阵方法来求解具有非线性力系统的动力学响应,该方法基于多段集中质量模型和增量传递矩阵法(逐步积分法与传统传递矩阵法结合),并结合 Ricatti 法,建立了轴系弯扭耦合振动响应,研究指出,该方法可以处理弯扭耦合振动这样的复杂轴系非线性振动问题;何成兵[82]运用该方法来分析非同期并列时汽轮发电机组轴系的弯扭耦合振动,分析表明,扭转振动将产生频率为旋转频率与扭转振动频率之和或之差的离心激振力,从而引起相应频率的弯曲振动;何成兵[83]运用该方法来分析短路故障时汽轮发电机组轴系弯扭耦合振动,分析表明,弯扭耦合作用可以用来识别不同的电力系统故障对轴系的弯曲振动、扭转振动和扭矩幅值的影响。许崇顺[84]建立了分布质量模型弯扭耦合振动方程(非线性偏微分方程组)及定性分析、集总质量模型弯扭耦合振动模型并用 Newmark-β 法的增量表达式来求解,研究指出,弯曲振动和扭转振动通过偏心距联系并存在非线性关系,当偏心距为零时弯曲振动对扭转振动没有影响,扭转振动对弯曲振动有影响但是影响不大。王科社等[85]针对张勇提出的弯扭耦合偏微分方程组提出了一种多维频率分析方法,将频率的变化与轴系的结构联系起来分析轴系的振型、共振频率及模态,研究表明,采用该方法可以判断轴系是否会产生共振以及相应的共振模态。朱保伟[86]在张勇模型的基础上简化了偏微分方程组,即忽略陀螺力矩的影响,只考虑不平衡、转动惯量、剪切变形及阻尼的影响,对简化的弯扭耦合方程组进行分析,通过 ANSYS 有限元分析得出模拟机弯扭耦合的响应,分析指出,不平衡量越大,耦合越强;激振力频率与转动频率之和或之差越接近扭转振动固有频率,则激振力引发的扭转振动越强,同样地,激振转矩频率与转动频率之和或之差越接近弯曲振动固有频率,则激振转矩引发的弯曲振动越强。朱怀亮[87]在分析高速柔性转轴时,考虑了滑移、弯曲、剪切变形、转动惯量、陀螺效应和动不平衡等因素,运用 Timoshenko 旋转梁理论和 Hamilton 原理建立了弯曲-扭转-轴向三维耦合非线性动力学方程,并应用参数摄动法和假设振型法来简化动力学方程,通过数值模拟分析了转轴的动力学响应,分析指出,在某一特定的转速下,由于耦合作用,拍振同样可以出现在弯曲振动中,这是单纯的弯曲或扭转振动中所没有的;转速增加时振幅提高,耦合振动和陀螺效应增强。舒歌群等[88]建立了连续分布轴系扭转振动和弯曲振动耦合的数学模型,用振型叠加法以及模态的正交性求得弯扭耦合的自由振动的解析解,求解仅考虑轴系自重情况下的简支轴系弯扭耦合振动,通过实验验证,得到轴系耦合频率与非耦合情况下的扭转振动固有频率、弯曲振动固有频率的对应关系。舒歌群等[89]还用同样的方法研究了考虑自重影响下,轴的质量中心分布线与旋转中心线不重合时弯扭耦合振动的情况,除了进行弯扭耦合自由振动的研究,也进行了强迫振动的研究,分析得出规律:第 n(奇数)阶弯曲振动是与第 $n+1$ 阶扭转振动相耦合,而第 n(偶数)阶弯曲振动则是与第 $n-1$ 阶扭转振动相耦合。陈予恕等[90]对汽轮机发电机组轴系弯扭耦合振动问题进行了综述,包括了不平衡转子、不对中转子、碰摩转子和裂纹转子的弯扭耦合振动,并指出:现有研究对于自由度比较少的系统分析较多,对复杂系统分析较为匮乏;通常建立的模型有分布质量模型和集中质量模型,集中质量模型较为简单,适合于定性分析,分布质量模型较为复杂,适合于定量分析。张勇[91]在学位论文中描述了弯扭耦合共振的定义,并通过对高阶非线性偏微分方程进行离散,求解得到弯扭耦合的瞬态响应,进行了相关的实验,研究指出,偏心转子在旋转频率等于弯曲振动固有频率与扭转振动固有频率之和或之差时,如果施加一个频率等于弯曲振动固有频率的横向激励,将产生一个频率为扭转振动固有频率的扭转振动;同理,如果施加一个频率等于扭转固有频率的扭转振动,将产生一个频率为弯曲振动固有频率的弯曲振动,弯曲振动与扭转振动相互加强,所得结论与参考文献[68]的一致。

综合国内外针对弯扭耦合振动的研究情况可知,由于转轴的结构和受力情况比较复杂,在计算其振型、固有频率等振动特性时,需将轴系简化为适当的力学模型,以方便求解。从现有的研究看,用作振动计算的转轴模型可分为两类:一类是转轴质量集总到许多集中点的集总质量模型,另一类是轴系质量沿轴线连续分布的分布质量模型。在进行实际转轴系统的弯扭耦合振动分析时,传递矩阵法和有限元法应用较多。

Muszynska A[92]指出弯曲振动和扭转振动不仅由具体的横向激励产生,如静态不平衡或径向恒定力,而且还可以由扭转振动激励产生,为扭矩施加提供了可行性参考。只有建立了正确的弯扭耦合模型,并得到弯扭耦合的规律性结果,如频率响应曲线,其能够说明弯曲振动、扭转振动和旋转频率三者之间直观的关系,才能说明建立的模型是正确的。

2 非线性共振式振动时效装置工作机理分析

2.1 非线性系统的超谐共振

对于一个无阻尼的线性系统,当简谐干扰力频率等于系统的固有频率时,系统产生强烈振动,即共振,理论上该受迫振动的振幅会达到无限大。当然,实际上阻尼总是存在的,所以振幅不会无限大,产生最大振幅的激振频率也不是恰好等于系统固有频率,而是有一点偏离。对于非线性系统来说,共振的情况就会复杂很多。简单来说,有如下这些情形[25,26]。

考虑系统

$$\ddot{x} + \omega_0^2 x = \varepsilon f(x, \dot{x}) \tag{2-1}$$

其中,ε 为小参数,$f(x, \dot{x})$ 是关于 x 与 $\dot{x}$ 解析的非线性函数。当 $\varepsilon = 0$ 时,微分方程(2-1)成为

$$\ddot{x} + \omega_0^2 x = 0 \tag{2-2}$$

这是线性振动的简谐振动微分方程,称为(2-1)的派生方程,它所描述的系统为派生系统。派生方程的解,称为派生解。

(1)主共振

外干扰力频率在派生系统的固有频率 ω_0 附近变化时,即 $\Omega \approx \omega_0$,系统将产生主共振。

(2)超谐共振

外干扰力频率为系统固有频率的真分数,即 $\Omega \approx \omega_0/n$($n$ 为不等于1的正整数)时,系统有可能发生超谐共振。

（3）次谐共振

外干扰力的频率为系统的固有频率的整数倍，即 $\Omega \approx n\omega_0$（n 为不等于 1 的正整数）时，系统有可能发生次谐共振。

（4）组合共振

非线性系统受到几个频率不同的干扰力作用时，可能出现组合共振。例如，在 Ω_1、Ω_2 作用下，除单频作用的各种共振外，还可能出现组合共振，如

$$2\Omega_1 \pm \Omega_2 \approx \omega_0 ; (\Omega_1 \pm \Omega_2)/2 \approx \omega_0$$

另外，对于多频激励，还可能同时存在两个以上的共振条件，而出现联合共振。

这里以杜芬方程为例简单介绍一下超谐共振[26]。

当系统中包含三次方非线性恢复力，且当干扰力频率接近系统线性固有频率的 $1/3, 1/9, \cdots$ 时，频率为 $3\omega, 9\omega, \cdots$ 的超谐波响应将变得很大，这种现象被称为超谐波共振。为研究 $3\omega \approx \omega_0$ 的超谐波共振，令

$$3\omega = \omega_0 + \varepsilon\sigma, \quad 3\omega T_0 = \omega_0 T_0 + \sigma T_1 \tag{2-3}$$

设为硬激励，即干扰力的力幅 K 不为小量，因此微分方程为

$$\ddot{x} + \omega_0^2 x = -2\varepsilon\mu\dot{x} - \varepsilon\alpha x^3 + K\cos(\omega t) \tag{2-4}$$

设其解的形式为

$$x(t,\varepsilon) = x_0(T_0, T_1) + \varepsilon x_1(T_0, T_1) + \cdots$$

则得到渐近方程组

$$D_0^2 x_0 + \omega_0^2 x_0 = K\cos(\omega T_0) \tag{2-5}$$

$$D_0^2 x_1 + \omega_0^2 x_1 = -2D_0 D_1 x_0 - 2\mu D_0 x_0 - \alpha x_0^3 \tag{2-6}$$

设式（2-5）的解为

$$x_0 = a\cos(\omega_0 T_0 + \varphi) + \Lambda\cos(\omega T_0) \tag{2-7}$$

其中 $\Lambda = K(\omega_0^2 - \omega^2)^{-1}$，代入方程（2-6），于是

$$D_0^2 x_1 + \omega_0^2 x_1 = (2a'\omega_0 + 2\mu a\omega_0)\sin\psi + \left(2a\omega_0\varphi' - \frac{3}{4}\alpha a^3 - \frac{3}{2}\alpha a\Lambda^2\right)\cos\psi -$$

$$\frac{1}{4}\alpha a^3\cos(3\varphi) + 2\mu\Lambda\omega\sin(\omega T_0) - \left(\frac{3}{4}\alpha\Lambda^3 + \frac{3}{2}\alpha a^2\Lambda\right)\cos(\omega T_0) -$$

$$\frac{1}{4}\alpha\Lambda^3\cos(3\omega T_0) - \frac{3}{4}\alpha a^2\Lambda\cos[(2\omega_0 + \omega)T_0 + 2\varphi] -$$

$$\frac{3}{4}\alpha a^2 \Lambda \cos[(2\omega_0 - \omega)T_0 + 2\varphi] -$$

$$\frac{3}{4}\alpha a \Lambda^2 \cos[(\omega_0 + 2\omega)T_0 + \varphi] -$$

$$\frac{3}{4}\alpha a \Lambda^2 \cos[(\omega_0 - 2\omega)T_0 + \varphi] \tag{2-8}$$

其中 a', φ' 为对 T_1 的导数，$\psi = \omega_0 T_0 + \varphi$。除了 $\sin\psi, \cos\psi$ 项引起共振外，$\cos(3\omega T_0)$ 也要引起共振，因为由式(2-3)，得

$$\cos(3\omega T_0) = \cos(\omega_0 T_0 + \sigma T_1) = \cos\psi\cos(\sigma T_1 - \psi) - \sin\psi\sin(\sigma T_1 - \varphi)$$

将其代入式(2-8)，并消除久期项，得

$$\left.\begin{array}{l} 2a'\omega_0 + 2\mu a\omega_0 + \dfrac{1}{4}\alpha\Lambda^3 \sin(\sigma T_1 - \varphi) = 0 \\[2mm] 2a\omega_0\varphi' - \dfrac{3}{4}\alpha a^3 - \dfrac{1}{4}\alpha\Lambda^3 \cos(\sigma T_1 - \varphi) - \dfrac{3}{2}a\alpha\Lambda^2 = 0 \end{array}\right\} \tag{2-9}$$

或

$$\left.\begin{array}{l} a' = -\mu a - \dfrac{1}{8}\dfrac{\alpha}{\omega_0}\Lambda^3 \sin(\sigma T_1 - \varphi) \\[2mm] a\varphi' = \dfrac{3}{8}\dfrac{\alpha}{\omega_0}a^3 + \dfrac{\alpha}{8\omega_0}\Lambda^3 \cos(\sigma T_1 - \varphi) + \dfrac{3\alpha}{4\omega_0}a\Lambda^2 \end{array}\right\} \tag{2-10}$$

令 $\beta = \sigma T_1 - \varphi, \beta' = \sigma - \varphi'$，得

$$\left.\begin{array}{l} a' = -\mu a - \dfrac{\alpha}{8\omega_0}\Lambda^3 \sin\beta \\[2mm] a\beta' = \left(\sigma - \dfrac{3\alpha}{4\omega_0}\Lambda^2\right)a - \dfrac{3\alpha}{8\omega_0}a^3 - \dfrac{\alpha}{8\omega_0}\Lambda^3 \cos\beta \end{array}\right\} \tag{2-11}$$

解方程(2-11)，求出振幅 a 和相位角 β，就求得第一阶近似解：

$$x = a\cos(3\omega t - \beta) + K(\omega_0^2 - \omega^2)^{-1}\cos(\omega t) + O(\varepsilon) \tag{2-12}$$

$x = a\cos(3\omega t - \beta)$ 称为干扰力激起的自由振动，即超谐波共振响应，而 $K(\omega_0^2 - \omega^2)^{-1}\cos(\omega t)$ 为受迫振动部分。

对于稳态解，有 $a' = \beta' = 0$，则方程(2-11)化为

$$\left.\begin{array}{l} -\mu a = \dfrac{\alpha\Lambda^3}{8\omega_0}\sin\beta \\[2mm] \left(\sigma - \dfrac{3\alpha}{4\omega_0}\Lambda^2\right)a - \dfrac{3\alpha}{8\omega_0}a^3 = \dfrac{\alpha\Lambda^3}{8\omega_0}\cos\beta \end{array}\right\} \tag{2-13}$$

将以上两式的平方相加，得到频率响应方程

$$\mu^2 a^2 + \left[\left(\sigma - \frac{3\alpha}{4\omega_0}\Lambda^2\right)a - \frac{3\alpha}{8\omega_0}a^3\right]^2 = \frac{\alpha^2\Lambda^6}{64\omega_0^2} \qquad (2\text{-}14)$$

或

$$\sigma = \frac{3\alpha}{4\omega_0}\Lambda^2 + \frac{3\alpha}{8\omega_0} \pm \left(\frac{\alpha^2\Lambda^6}{64\omega_0^2 a^2} - \mu^2\right)^{\frac{1}{2}} \qquad (2\text{-}15)$$

2.2 非线性共振式振动时效装置的结构原理

采用非线性共振式振动时效的方法,使具有较高刚度的工件利用共振性能实现振动时效,降低能源消耗,其原理在于用现行的激振电机及其偏心装置组成的惯性式激振器与非线性元件一起构成一个非线性超谐共振系统或组合共振系统,其可以将惯性式激振器的低频振动转换成系统的高频振动输出给工件,激发工件的主共振。或者,包含工件在内的整个系统在惯性式激振器作用下产生较高频率和较大振幅的超谐共振或组合共振。

图 2-1 所示为非线性超谐式振动时效装置原理示意图。

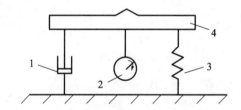

图 2-1　非线性超谐式振动时效装置原理示意图
1—阻尼;2—激振器;3—非线性弹簧;4—激振块(振动质量)

惯性式激振器产生的激振力作用到激振块上,在参数设置合适的情况下激振块在阻尼和非线性弹簧共同作用下产生超谐振动。激振块将该超谐振动传递给工件,使工件获得超过惯性式激振器激振频率的高频激振。

图 2-2 所示为非线性组合共振式振动时效装置原理示意图。两个(或多个)频率不同的惯性式激振器产生的激振力作用到激振块上,在参数设置合适的情况下,激振块在阻尼和非线性弹簧作用下产生非线性振动中的组合共振。激振块将该组合共振的振动传递给工件,使工件获得组合共振式激振装置所产生的高频激振。

非线性共振式振动时效装置对工件作用时,既可以不和工件固定连接,如图 2-3、图 2-4 所示,也可以和工件固定连接起来,如图 2-5、图 2-6 所示。

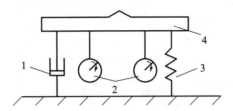

图 2-2 非线性组合共振式振动时效装置原理示意图

1—阻尼;2—激振器;3—非线性弹簧;4—激振块(振动质量)

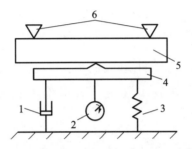

图 2-3 超谐共振式振动时效装置没有和工件固定连接组成的振动系统

1—阻尼;2—激振器;3—非线性弹簧;4—激振块(振动质量);5—工件;6—支撑

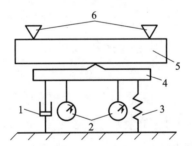

图 2-4 组合共振式振动时效装置没有和工件固定连接组成的振动系统

1—阻尼;2—激振器;3—非线性弹簧;4—激振块(振动质量);5—工件;6—支撑

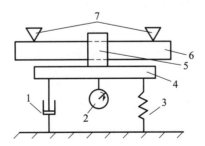

图 2-5 超谐共振式振动时效装置和工件固定连接组成的振动系统

1—阻尼;2—激振器;3—非线性弹簧;4—激振块(振动质量);

5—固定装置(将工件和激振块固定连接起来);6—工件;7—支撑

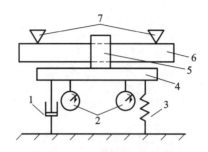

图 2-6   组合共振式振动时效装置和工件固定连接组成的振动系统

1—阻尼；2—激振器；3—非线性弹簧；4—激振块（振动质量）；

5—固定装置（将工件和激振块固定连接起来）；6—工件；7—支撑

以上几种振动时效装置与工件组成的非线性振动系统的工作原理相似，本书后面主要以图 2-5 所示超谐共振式振动时效系统为例分析介绍。

2.3   非线性超谐式振动时效系统的动态分析模型

工程实际中，振动时效装置和工件固定连接的较多，这里也选择图 2-5 所示超谐共振式振动时效装置和工件固定连接组成的振动系统为对象，分析其动态分析模型。

在振动时效的过程中，工件在振动时效装置的作用下，将产生弹性变形振动，从而获得足够的动应力，使工件残余应力处发生局部微观塑性变形，消除残余应力。所以，这个过程中，工件同时具有质量元件特性和弹性元件特性。因此，可以用图 2-7 所示的叠形弹簧元件和质量元件等效表示工件。其中叠形弹簧的刚度为工件的等效刚度，质量元件 m 为工件的等效质量。为了分析方便，图 2-7 可以进一步简化为图 2-8 形式。其中，线性弹性元件 k_1 是叠形弹簧的等效刚度系数，质量元件 m 是工件和激振块元件合并一起的等效质量。

将图 2-8 简化为一质量弹簧模型，如图 2-9 所示，其中，$f(x)$ 为非线性弹簧的恢复力，m_1 为激振块等组成的振动时效装置等效质量，m_q 为工件的等效质量，k_q 为工件的等效弹簧刚度，$F\cos(\Omega t)$ 为激振器的激振力，x 为激振块和工件的位移。

现在分析激振块和构件在该非线性振动系统中的受力情况，首先是激振器的激振力 $F\cos(\Omega t)$，非线性弹簧的恢复力 $f(x)$，等效弹簧的恢复力 $k_q x$，阻尼力为 $c\dot{x}$，受力如图 2-10 所示。

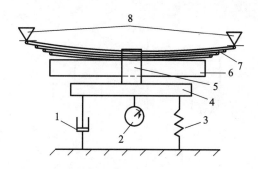

图 2-7 工件用等效弹簧和等效质量代替后的振动系统简图(1)

1—阻尼;2—激振器;3—非线性弹簧;4—质量块(元件);

5—固定装置(将工件和激振装置固定连接起来);

6—工件等效质量元件;7—工件等效弹性元件;8—支撑

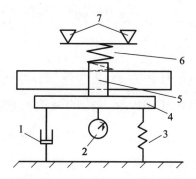

图 2-8 工件用等效弹簧和等效质量代替后的振动系统简图(2)

1—阻尼;2—激振器;3—非线性弹簧;4—质量块(元件);

5—固定装置(将工件和激振装置固定连接起来);6—工件等效弹性元件;7—支撑

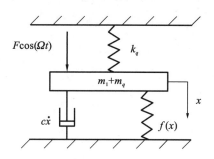

图 2-9 振动时效时单自由度非线性振动系统

应用牛顿第二定律可得:

$$(m_1 + m_q)\frac{\mathrm{d}^2 x}{\mathrm{d}t^2} = F\cos(\Omega t) - k_q x - f(x) - c\dot{x} \qquad (2\text{-}16)$$

对式(2-16)整理可得:

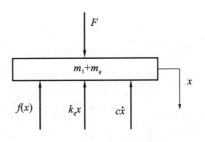

图 2-10　受力示意图

$$(m_1 + m_q)\frac{\mathrm{d}^2 x}{\mathrm{d}t^2} + k_q x + f(x) + c\dot{x} = F\cos(\Omega t) \tag{2-17}$$

2.4　超谐共振式振动时效系统振动方程的求解

我们不妨以非线性弹簧为立方非线性弹簧为例进行分析,这样,振动方程(2-17)就很容易转化为有阻尼 Duffing 方程的强迫振动

$$\ddot{x} + \omega_0^2 x + \varepsilon\mu\,\dot{x} + \varepsilon x^3 = \varepsilon p\cos(\Omega t) \tag{2-18}$$

对此方程的求解,已有大量文献给出了很多解法。这里介绍改进的L-P法[25]。

研究方程(2-18)满足初始条件

$$x(0) = a_0 \tag{2-19}$$

的解。ε 不必限制为小参数。同普通的 L-P 法一样,先令

$$\tau = \Omega t \tag{2-20}$$

这样,方程成为

$$\Omega^2\,\ddot{x} + \omega_0^2 x + \varepsilon\mu\,\dot{x} + \varepsilon x^3 = \varepsilon p\cos\tau \tag{2-21}$$

考虑基频谐波响应,把 Ω^2 展开为 ε 的幂级数

$$\Omega^2 = \omega_0^2 + \varepsilon\omega_1 + \varepsilon^2\omega_2 + \cdots \tag{2-22}$$

引进参数变换

$$\alpha = \frac{\varepsilon\omega_1}{\omega_0^2 + \varepsilon\omega_1} \tag{2-23}$$

这样,ε 和 Ω^2 可以 α 表示为

$$\varepsilon = \frac{\omega_0^2\alpha}{\omega_1(1-\alpha)} \tag{2-24}$$

$$\Omega^2 = \frac{\omega_0^2}{1-\alpha}(1 + \delta_2\alpha^2 + \delta_3\alpha^3 + \cdots) \tag{2-25}$$

$$\Omega = \omega_0\left[1 + \frac{1}{2}\alpha + \left(\frac{3}{8} + \frac{\delta_2}{2}\right)\alpha^2 + \cdots\right] \tag{2-26}$$

再把 x 展开成 α 的幂级数

$$x = \sum_{n=0}^{\infty}\alpha^n x_n \tag{2-27}$$

将式(2-24)~式(2-27)代入方程(2-21),令方程两端 ε 的同次幂的系数相等,可得各阶的摄动方程为

$$\ddot{x}_0 + x_0 = 0 \tag{2-28}$$

$$\ddot{x}_1 + x_1 = x_0 - \frac{1}{\omega_1}x_0^3 - \frac{\mu\omega_0}{\omega_1}x_0 + \frac{p}{\omega_1}\cos\tau \tag{2-29}$$

$$\ddot{x}_2 + x_2 = x_1 - \frac{1}{\omega_1}3x_0^2 x_1 - c_2\ddot{x}_0 - \frac{\mu\omega_0}{\omega_1}x_1 + \frac{\mu\omega_0}{2\omega_1}\dot{x}_0 \tag{2-30}$$

初始条件式(2-19)也转化为

$$x_0(0) = a_0, x_n(0) = 0, n = 1, 2, \cdots \tag{2-31}$$

方程(2-28)满足初始条件式(2-31)的解为

$$x_0 = a_0\cos\tau + b_0\sin\tau \tag{2-32}$$

把 x_0 代入方程(2-29)消去久期项,可得

$$\omega_1 = \frac{3}{4}(a_0^2 + b_0^2) - \left(\frac{p}{a_0} - \frac{b_0}{a_0}\mu\omega_0\right) \tag{2-33}$$

$$b_0 = \frac{-p + \sqrt{p^2 - 4\mu^2\omega_0^2 a_0^2}}{2\mu\omega_0} \tag{2-34}$$

$$x_1 = a_1\cos\tau + b_1\sin\tau + \frac{a_0}{32\omega_1}(a_0^2 - 3b_0^2)\cos(3\tau) + \frac{b_0}{32\omega_1}(3a_0^2 - b_0^2)\sin(3\tau) \tag{2-35}$$

利用初始条件式(2-31)可定出 a_1 为

$$a_1 = -\frac{a_0}{32\omega_1}(a_0^2 - 3b_0^2) \tag{2-36}$$

再继续摄动下去,最后求得精确到 $O(\alpha^3)$ 的解为

$$\Omega^2 = \frac{\omega_0^2}{1-\varepsilon}[1 + \delta_2\alpha^2 + O(\alpha^3)]$$

$$= \sum_{n=1}^{3}[A_{2n-1}\cos(2n-1)\tau + B_{2n-1}\sin(2n-1)\tau] \tag{2-37}$$

其中，δ_2，A_i，B_i 的表达式如下：

$$\delta_2 = \frac{1}{4\omega_1 a_1}a_1\left(9a_0^2 + 3b_0^2 - 4\omega_1\right) + \frac{1}{2\omega_1 a_0}b_1\left(2\mu\omega_0 + 3a_0b_0\right) + \frac{1}{2\omega_1 a_0}\mu\omega_0 b_0 +$$

$$\frac{3}{128\omega_1^2}\left(a_0^2 - 3b_0^2\right)\left(a_0^2 - b_0^2\right) + \frac{3}{64\omega_1^2}b_0^2\left(3a_0^2 - b_0^2\right)$$

$$A_1 = a_0 + \alpha a_1$$

$$B_1 = b_0 + \alpha b_1$$

$$A_3 = \alpha\frac{1}{32\omega_1}a_0\left(a_0^2 - 3b_0^2\right) - \alpha^2\frac{1}{512\omega_1^2}\left[2\omega_1 a_0\left(a_0^2 - 3b_0^2\right) - 6\mu\omega_0 b_0\left(3a_0^2 - b_0^2\right) + \right.$$

$$\left. 48\omega_1 a_1\left(b_0^2 - a_0^2\right) + 96\omega_1 a_0 b_0 b_1 - 3a_0\left(a_0^2 - 3b_0^2\right)\left(a_0^2 + b_0^2\right)\right]$$

$$B_3 = \alpha\frac{1}{32\omega_1}a_0\left(3a_0^2 - b_0^2\right) - \alpha^2\frac{1}{512\omega_1^2}\left[2\omega_1 b_0\left(3a_0^2 - b_0^2\right) - 6\mu\omega_0 a_0\left(a_0^2 - 3b_0^2\right) + \right.$$

$$\left. 48\omega_1 b_1\left(b_0^2 - a_0^2\right) + 96\omega_1 a_0 b_0 a_1 - 3b_0\left(3a_0^2 - b_0^2\right)\left(a_0^2 + b_0^2\right)\right]$$

$$A_5 = -\frac{1}{3072\omega_1^2}\alpha^2\left[3a_0\left(a_0^2 - 3b_0^2\right)\left(b_0^2 - a_0^2\right) + 6a_0 b_0^2\left(3a_0^2 - b_0^2\right)\right]$$

$$B_5 = -\frac{1}{3072\omega_1^2}\alpha^2\left[3b_0\left(3a_0^2 - b_0^2\right)\left(b_0^2 - a_0^2\right) + 6a_0^2 b_0\left(a_0^2 - 3b_0^2\right)\right]$$

$$b_1 = \frac{1}{\Delta}\left(a_0 D_{23} - b_0 D_{13}\right)$$

$$\Delta = \frac{1}{4\omega_1}\left(4\omega_1 a_0 + 4\mu\omega_0 b_0 - 3a_0^2 - 3a_0 b_0^2\right)$$

$$D_{13} = \frac{1}{4\omega_1}a_1\left(9a_0^2 + 3b_0^2 - 4\omega_1\right) + \frac{1}{2\omega_1}\mu\omega_0 b_0 + \frac{3}{128\omega_1^2}a_0\left(a_0^2 - 3b_0^2\right)\left(a_0^2 - b_0^2\right) +$$

$$\frac{3}{64\omega_1^2}a_0^2 b_0^2\left(3a_0^2 - b_0^2\right)$$

$$D_{23} = \frac{1}{4\omega_1}a_1\left(6a_0 b_0 - 4\mu\omega_0\right) - \frac{1}{2\omega_1}\mu\omega_0 a_0 - \frac{3}{128\omega_1^2}b_0\left(3a_0^2 - b_0^2\right)\left(b_0^2 - a_0^2\right) -$$

$$\frac{3}{64\omega_1^2}a_0^2 b_0\left(a_0^2 - 3b_0^2\right)$$

2.5   非线性项刚度系数对非线性超谐共振振幅的影响

　　现行振动时效主要是利用振动系统的主共振原理，在系统固有频率附近激振,使之产生主共振,从而在节约能源消耗的情形下,完成振动时效的工作。非线性共振式振动时效主要目的之一是针对现行振动时效装置的激振频率达不到较高刚度工件的较高固有频率,不能直接激励系统的主共振,而利用超谐共振特性,由惯性式激振器的较低频率激振激发系统较高频率的超谐共振,同样在节约能源的情况下实现振动时效的目的。根据 Wozney 振动时效条件,要实现振动时效的目的,需要达到一定的动应力,即工件的残余应力处有足够的(弹性)变形,因而要求系统达到一定的振幅。对于超谐共振来说,其非线性项的刚度系数对系统振幅影响较大,本节就非线性项刚度系数大小对系统超谐共振振幅的影响作一简单讨论。

为便于对振动时效装置存在的弱非线性和强非线性情况进行非线性振动分析,对图 2-9 所示的非线性振动系统进行简化,得到如图 2-11 所示的简图。

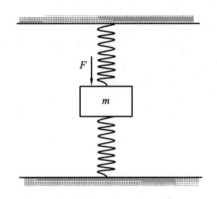

图 2-11　工件在振动时效时的单自由度非线性振动系统简图

物体质量设为 $m = m_1 + m_4 + m_q$,上端弹簧刚度设为 k_1,下端弹簧刚度设为 k_2,激振力 $F(t) = a\cos(\omega t)$,则物体的运动微分方程如下:

$$m\ddot{x} + k_1 x - k_2 x^3 = F(t) = a_t\cos(\omega t) \tag{2-38}$$

可将方程变为如下形式

$$\ddot{x} + 2\varepsilon\mu\,\dot{x} + \omega_0^2 x - \varepsilon x^3 = p\cos(\omega t) \tag{2-39}$$

式中,$\omega_0 = \sqrt{\dfrac{k_1}{m}}$,$\mu = 0$,$\varepsilon = \dfrac{k_2}{m}$,$p = \dfrac{a_t}{m}$。$\omega_0$ 为系统的固有频率。

当 $\mu = 0$,则式(2-39)可写为

$$\ddot{x} + \omega_0^2 x + \varepsilon k x^3 = p\cos(\omega t) \tag{2-40}$$

(1)弱非线性情况

当 k_1 较大于 k_2,且 $\dfrac{k_2}{m}$ 较小时,系统可视为弱非线性系统,此时 ε 为小参数,运用

L-P 法分别对超谐波响应进行求解[25]。现研究外激励力的频率接近系统固有频率的 $1/n$（n 为不等于 1 的正整数）时的响应。将振动方程（2-40）整理成如下形式

$$\ddot{x} + \omega_0^2 x = \varepsilon f(x, \dot{x}) + p\cos(\omega t) \tag{2-41}$$

式中，$f(x, \dot{x}) = x^3$。

令 $\tau = \omega t$。则振动方程变为如下形式

$$\omega^2 x'' + \omega_0^2 x = \varepsilon f(x, \omega x') + p\cos\tau \tag{2-42}$$

式中，x' 表示 x 对 τ 求偏导数。

当外激励力的频率 ω 在系统的固有频率 ω_0 附近时，为研究其响应，设

$$x = x_0(\tau) + \varepsilon x_1(\tau) + \varepsilon^2 x_2(\tau) + \cdots \tag{2-43}$$

$$\omega = \frac{1}{n}\omega_0(\tau) + \varepsilon\omega_1(\tau) + \varepsilon^2\omega_2(\tau) + \cdots \tag{2-44}$$

将式（2-43）和式（2-44）代入式（2-42），并将 $f(x)$ 展开为泰勒级数，然后比较方程两边 ε 的同次幂的系数，可得

$$x_0'' + n^2 x_0 = \frac{p}{n^2 \omega_0^2}\cos\tau \tag{2-45}$$

$$x_1'' + n^2 x_1 = \frac{n^2}{\omega_0^2}(x_0^3 - \frac{2}{n}\omega_0\omega_1 x_0'') \tag{2-46}$$

则式（2-46）的解

$$x_0 = a\cos(n\tau) + \Lambda\cos\tau \tag{2-47}$$

式中，$\Lambda = \dfrac{n^2 p}{(n^2 - 1)\omega_0^2}$。

将式（2-47）代入式（2-46）得

$$
\begin{aligned}
x_1'' + n^2 x_1 = \frac{n^2}{\omega_0^2}\Big\{ &\frac{2}{n}\omega_0\omega_1[n^2 a\cos(n\tau) + \Lambda\cos\tau] + \\
&\frac{1}{4}a^3[3\cos(n\tau) + \cos(3n\tau)] + \\
&\frac{3}{4}a^2\Lambda[\cos(2n+1)\tau + \cos(2n-1)\tau + 2\cos\tau] + \\
&\frac{3}{4}a\Lambda^2[\cos(n+2)\tau + \cos(n-2)\tau + 2\cos(n\tau)] + \\
&\frac{1}{4}\Lambda^3[3\cos\tau + \cos(3\tau)]\Big\}
\end{aligned}
\tag{2-48}
$$

当 $n = 3$ 时，代入式（2-48），消去久期项，令 $\cos(3\tau)$ 的系数为 0，得

$$2n\omega_1\omega_0 a + \frac{3}{4} \times 2\Lambda^2 a + \frac{3}{4}a^3 + \frac{3}{4}\Lambda^3 = 0 \tag{2-49}$$

则

$$\omega_1 = -\frac{1}{4\omega_0}\Lambda^2 - \frac{1}{8\omega_0}a^2 - \frac{1}{8\omega_0 a}\Lambda^3 \tag{2-50}$$

当 $n \neq 3$ 时,代入式(2-48),消去久期项,令 $\cos(n\tau)$ 的系数为 0,得

$$2n\omega_1\omega_0 a + \frac{3}{4} \times 2\Lambda^2 a + \frac{3}{4}a^3 = 0 \tag{2-51}$$

则

$$\omega_1 = -\frac{1}{4\omega_0}\Lambda^2 - \frac{1}{8\omega_0}a^2 \tag{2-52}$$

从而解出 a。再求解式(2-46),便可求解出 x_1。

振动方程的零次和一次近似解为

$$(x)_0 = a\cos(n\omega t) + \Lambda\cos(\omega t) + O(\varepsilon) \tag{2-53}$$

$$(x)_1 = a\cos(n\omega t) + \Lambda\cos(\omega t) + \varepsilon x_1 + O(\varepsilon^2) \tag{2-54}$$

$$\omega = \omega_0 + \varepsilon\omega_1 + O(\varepsilon^2) \tag{2-55}$$

当求解 $\omega \approx \omega_0$ 情况下 x 的表达式时,令 $\omega \to 0$,从而有 $\omega_1 \to 0$,从而求得 a 的极限值,因此可得到 x 的表达式。

(2)强非线性情况

当 k_2 较大于 k_1,且 $\frac{k_2}{m}$ 较大时,系统可视为强迫振动下三次强非线性系统,此时 ε 为大参数。运用改进的 L-P 法求解[25]。

将振动方程(2-40)整理成如下形式。

$$\ddot{x} + \omega_0^2 x = \varepsilon f(x, \dot{x}) + p\cos\omega t \tag{2-56}$$

式中,$f(x, \dot{x}) = x^3$。ε 不局限于小参数。运用改进的 L-P 法求解。

令 $\tau = \omega t$,则振动方程变为如下形式

$$\omega^2 x'' + \omega_0^2 x = \varepsilon f(x, \omega x') + p\cos\tau \tag{2-57}$$

式中,x' 表示 x 对 τ 求偏导数。设

$$x = x_0(\tau) + \varepsilon x_1(\tau) + \varepsilon^2 x_2(\tau) + \cdots \tag{2-58}$$

考虑基频谐波响应影响,将 ω^2 展开为 ε 的幂函数

$$\omega^2 = \frac{1}{n^2}\omega_0^2(\tau) + \varepsilon\omega_1(\tau) + \varepsilon^2\omega_2(\tau) + \cdots \tag{2-59}$$

引进参数变换

$$\alpha = \frac{\varepsilon\omega_1}{\frac{1}{n^2}\omega_0^2 + \varepsilon\omega_1} \tag{2-60}$$

则有

$$\varepsilon = \frac{\frac{1}{n^2}\alpha\omega_0^2}{\omega_1(1-\alpha)} \tag{2-61}$$

$$\omega^2 = \frac{1}{n^2}\frac{\omega_0^2}{(1-\alpha)}(1 + \delta_2\alpha^2 + \delta_3\alpha^3 + \cdots) \tag{2-62}$$

把 x 展开为 α 的幂函数如下

$$x = \sum_{n=0}^{\infty}\alpha^n x_n \tag{2-63}$$

将式(2-58)和式(2-59)代入方程(2-57),并令方程两边 α 的同次幂的系数相等,可得各阶的摄动方程为

$$x_0'' + n^2 x_0 = \frac{n^2 p}{\omega_0^2}\cos\tau \tag{2-64}$$

$$x_1'' + n^2 x_1 = n^2 x_0 + \frac{1}{\omega_1}x_0^3 - \frac{n^2 p}{\omega_0^2}\cos\tau \tag{2-65}$$

式(2-65)的解为

$$x_0 = a_0\cos(n\tau) + \Lambda_0\cos\tau \tag{2-66}$$

式中, $\Lambda_0 = \dfrac{n^2 p}{(n^2-1)\omega_0^2}$ 。

将式(2-66)代入式(2-65)可得

$$
\begin{aligned}
x_1'' + n^2 x_1 &= n^2[a_0\cos(n\tau) + \Lambda_0\cos\tau] + \\
&\quad \frac{1}{\omega_1}[a_0\cos(n\tau) + \Lambda_0\cos\tau]^3 - \frac{n^2 p}{\omega_0^2}\cos\tau \\
&= n^2\left[a_0\cos(n\tau) + \frac{n^2 p}{(n^2-1)\omega_0^2}\cos\tau\right] + \\
&\quad \frac{1}{4}\frac{1}{\omega_1}a_0^3[3\cos(n\tau) + \cos(3n\tau)] + \\
&\quad \frac{3}{4}\frac{1}{\omega_1}a_0^2\Lambda_0\{\cos[(2n+1)\tau] + \cos[(2n-1)\tau] + 2\cos\tau\} + \\
&\quad \frac{3}{4}\frac{1}{\omega_1}a_0\Lambda_0^2\{\cos[(n+2)\tau] + \cos[(n-2)\tau] + 2\cos(n\tau)\} +
\end{aligned}
$$

$$\frac{1}{4}\frac{1}{\omega_1}\Lambda_0^3[3\cos\tau+\cos(3\tau)]-\frac{n^2p}{\omega_0^2}\cos\tau \tag{2-67}$$

消去久期项,令 $\cos(n\tau)$ 的系数为 0,得

当 $n \neq 3$ 时,

$$n^2a_0+\frac{3}{4}\frac{1}{\omega_1}a_0^3+\frac{3}{2}\frac{1}{\omega_1}a_0\Lambda_0^2=0 \tag{2-68}$$

则

$$\omega_1=\frac{-\dfrac{3}{4}a_0^2-\dfrac{3}{2}\Lambda_0^2}{n^2} \tag{2-69}$$

当 $n = 3$ 时,

$$n^2a_0-\frac{3}{4}\frac{1}{\omega_1}a_0^3-\frac{3}{2}\frac{1}{\omega_1}a_0\Lambda_0^2-\frac{1}{4}\frac{1}{\omega_1}\Lambda_0^3=0 \tag{2-70}$$

则

$$\omega_1=\frac{\dfrac{3}{4}a_0^3+\dfrac{3}{2}a_0\Lambda_0^2+\dfrac{1}{4}\Lambda_0^3}{n^2a_0} \tag{2-71}$$

求解式(2-65)便可求解出 x_1。

振动方程(2-57)的零次和一次近似解为

$$(x)_0=a_0\cos(n\omega t)+\Lambda_0\cos(\omega t)+O(\alpha) \tag{2-72}$$

$$(x)_1=a_0\cos(n\omega t)+\Lambda_0\cos(\omega t)+\alpha x_1+O(\alpha^2) \tag{2-73}$$

$$\omega^2=\frac{1}{n^2}\frac{\omega_0^2}{(1-\alpha)}[1+O(\alpha)] \tag{2-74}$$

$$\alpha=\frac{\varepsilon\omega_1}{\dfrac{1}{n^2}\omega_0^2+\varepsilon\omega_1} \tag{2-75}$$

当求解 $\omega \approx \omega_0$ 情况下 x_0 的表达式时,令 $\omega^2 \to \omega_0^2$,从而有 $\omega_1 \to 0$,从而求得 a_0 的极限值,因此可得到 x_0 的表达式。

现通过算例,对以上弱非线性和强非线性系统进行数值计算与定性分析。假设系统固有频率 $f_0=0.15\mathrm{Hz}$,激振力频率 $f=0.05\mathrm{Hz}$。由于激振力频率为固有频率的 1/3,因此系统将发生超谐波振动。假设两种情况:

① $k_1=1\mathrm{N/mm}$,$k_2=0.1\mathrm{N/mm}$,此时系统为弱非线性系统。

② $k_1=1\mathrm{N/mm}$,$k_2=10\mathrm{N/mm}$,此时系统为强非线性系统。

运用 MATLAB 软件进行数值仿真,并假设激振力振幅值为 $a_t=1$,阻尼为 0。

在①的情况下,系统可视为弱非线性系统,计算得到 $a_0 = -0.5101$, $\Lambda_0 = 1.125$, x 的零次近似解得最大振幅值为 1.1659mm, x 的一次近似解得最大振幅值为 1.3449m, x 的零次与一次近似解得振幅-时间变化曲线如图 2-12 所示。

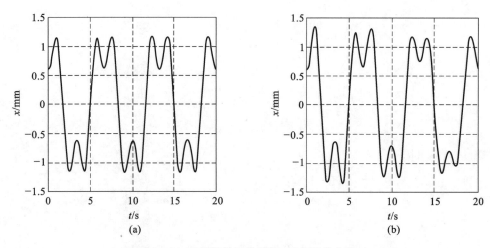

图 2-12　弱非线性系统振幅-时间变化曲线

(a)零次近似解振幅-时间变化曲线;(b)一次近似解振幅-时间变化曲线

在②的情况下,系统属于强非线性系统,由于 $f = \frac{1}{3}f_0$ 时 $\alpha \to 0$,但 $\alpha \neq 0$,因此计算时选取一个较小值,取 $\alpha = 10^{-99}$,计算得到 $a_0 = -0.1850$, $\Lambda_0 = 1.125$, x 的零次近似解得最大振幅值约为1.0mm, x 的一次近似解得最大振幅值为18.2648mm, x 的零次与一次近似解得振幅-时间变化曲线如图 2-13 所示。

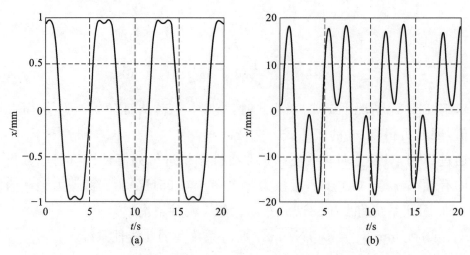

图 2-13　强非线性系统振幅-时间变化曲线

(a)零次近似解振幅-时间变化曲线;(b)一次近似解振幅-时间变化曲线

　　从图 2-12 和图 2-13 中可以看出,两种情况下零次近似解相差不大,但是一次近似解相差较大。虽然两种情况仅仅只是 k_2 相差 10 倍,其他参数均相同,但是最后振动方程中强非线性系统的解的振幅值为弱非线性系统的解的振幅值的 13.580 倍。可见系统在强非线性振动时,较小激励振幅可获得较大的共振振幅,可为非线性共振式振动时效装置的设计提供理论依据。

3 非线性共振式振动时效装置的实验及仿真研究

实验研究是非线性振动系统研究中的主要内容,是研究系统各种性能的重要手段。本章主要介绍作者在非线性共振式振动时效装置方面的实验研究工作,其中结合了一些仿真分析工作。非线性共振式振动时效主要利用超谐共振等性质,实现只有较低激振频率的惯性式激振器激发系统较高频率的非线性共振,从而在节约能源的情况下,使高刚度工件在较大振幅的共振中获得足够大的动应力,从而满足消除残余应力的需求。非线性恢复力是系统产生超谐共振的关键因素,平方或立方非线性弹簧的刚度参数对超谐共振的振幅影响很大。所以本章首先针对不同参数的非线性弹簧进行测试,找出具有不同非线性项系数的非线性弹簧对非线性超谐振动的影响,从而获得非线性弹簧的设计需求,然后研究系统的超谐共振性能。

3.1 实验装置

实验设备有 DZST-3B 多功能组合试验台、冠腾自动化 WDW 系列微机控制电子式万能试验机、JZK-2 激振器和 SHX2112 振动时效仪。

试验振动信号的采集采用北京航天斯达科技有限公司生产的京南数据采集仪,该设备主要硬件部分包括移动数据记录器桥盒、MDR 移动数据记录器(24 通道)、加速度传感器、笔记本电脑;软件包括移动数据采集软件、DDP 频谱分析软件。

(1)MDR 移动数据记录器:用于多种模拟和数字信号的采集、监测和记录,将滤波器、放大器、采集器、记录器集于一体。设备采用先进同步技术,实现通道间的同步采集;设备间通过以太网网络和同步时钟网络构建分布式采集系统,实现系统内任意通道间的同步采集。通道间的同步误差优于 10^{-8} s。适合于室内和室外多种环境下工作,具有多通道、大容量、高精度、高可靠性等特点,广泛应用于航天、航空、兵器制造、核工业、风电、交通、船舶、冶金、石油、建筑等领域。

(2)加速度传感器:采用 PCB® 公司型号为 608A11/M010AC 加速度压电式传感器;选用陶瓷剪切传感,具有价格低、弹性性能高、滞后小的优点,在小位移时其耐疲劳性、长期稳定性及耐腐蚀性均较好。其灵敏度(±15%)为:
94mV/N,测量范围为:±490m/s²,频率范围(±3dB):0.5～10000Hz。

(3)电磁激振器:选用的是江苏联能电子技术有限公司的 JZK-2 模态小型激振器;其特点主要有体积小、质量轻,可用于小型振动台测定动态响应、共振频率、机械阻抗等,频率范围宽,出力效率高,结构合理,可靠性高。其主要技术指标如表 3-1 所示。

表 3-1　主要技术指标

额定出力(峰值) 正弦/随机	最大振幅	最大加速度	主共振频率	外形尺寸
20/14N	±3mm	20g	>12000Hz	ϕ78×112mm

(4)信号发生器:选用的是江苏联能电子技术有限公司的 YE1311D 型低频扫频信号发生器;有手动/自动两种扫频方式,可设置起频、止频及扫频速度(扫频比1000:1),对数/线性工作模式,可广泛应用于声学、振动等领域的测试,主要用于驱动 JZK-2 小型激振器,控制激振的输出频率和振幅。其主要技术指标如表 3-2 所示。

表 3-2　主要技术指标

输出波形	频率范围	显示频率	频响	误差
正弦波	2～2000Hz	0～9999.9Hz	≤±1dB(4Ω 负载)	0.01%±1Hz

(5)惯性激振器采用神华振动时效研究所的 SHJZQ2112 惯性激振器。

高刚度激振台由夹具、支撑、激振器和非线性底座等构成。高刚度激振台要具有足够的质量和刚度,使其结构谐振频率远离实验过程中所用频率。以使其在振动时效过程中,不会产生较大的振动和变形,从而对实验数据造成影响。整个实验过程根据需要搭建了两个平台,一个为振动时效模拟实验平台,另一个为非线性振动时效测试平台,如图 3-1、图 3-2 所示。

图 3-1　振动时效模拟实验平台

图 3-2　非线性振动时效测试平台

3.2　非线性弹簧参数测试

3.2.1　非线性弹簧压缩试验

由于非线性弹簧的非线性刚度参数对非线性振动影响很大,所以先对非线性弹簧进行测试,获得其非线性性能参数。选取非线性弹簧中具有代表性的9种不同尺寸的圆锥螺旋弹簧进行压缩试验,具体数据如表3-3所示。圆锥螺旋弹簧实物图如图3-3所示。选取压缩精度较高的冠腾自动化WDW系列微机控制电子式万能试验机,如图3-4所示。通过计算机与主机联机,进行方案设定、试样录入后再对弹簧进行压缩试验。

表 3-3 非线性弹簧参数表

弹簧编号	小端直径/mm	大端直径/mm	弹簧线径/mm	自由高度/mm	圈数
1	12	28	2	50	10
2	12	26	1.8	38	7
3	8	15	1	25	9
4	10	20	1.5	50	11
5	13	24	1.4	21	6
6	7	20	1	51	13
7	8.5	14	1.2	31	7
8	13.5	23	1.5	30	5
9	12	21	2	52	8

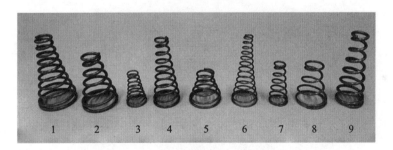

图 3-3 圆锥螺旋弹簧实物图

试验过程:

(1)首先将万能试验机与计算机联机。

(2)通过手动控制器调整万能试验机上压板与弹簧上端刚好接触。

(3)在计算机软件中进行方案设定,选择弹簧压缩试验程序,设定好相应弹簧的原始高度、弹簧直径。

(4)在计算机试验程序设置以5mm/min的速率正行程向下进行弹簧压缩,直至弹簧完全压并,再以5mm/min的速率反行程向上压缩得到压缩曲线。弹簧压缩试验如图3-5所示。

(5)压缩弹簧,每个弹簧压缩5次。

图 3-4　WDW 系列微机控制电子式万能试验机

图 3-5　圆锥螺旋弹簧压缩试验图

　　(6)由压缩试验得到每个弹簧正、反行程压缩力与位移的数据,导出为 Excel 数据表,并把数据表导入到 origin 软件进行作图,按力的大小每间隔 10N 对应的位移数值求取平均值。图 3-6 所示为 1 号弹簧一次正、反行程压缩试验求取的平均值。

　　(7)分别对每个弹簧每次正、反行程压缩求取平均值后,再依次对每个弹簧的

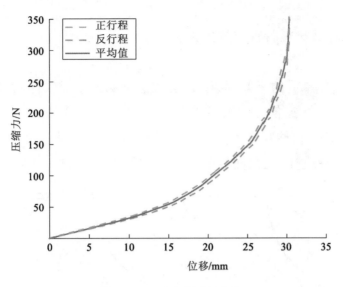

图 3-6　正、反行程求平均值

5 次试验得到的正、反行程的平均值进行数据对比，去除相同压力值下位移变化最大和最小的数据，最后对剩余 3 次试验正、反行程的平均值在压力相同情况下，每间隔 10N 对应的位移值再求取平均值。图 3-7 所示为 1 号弹簧对 3 次正、反行程压缩试验得到的平均值再求取平均值。

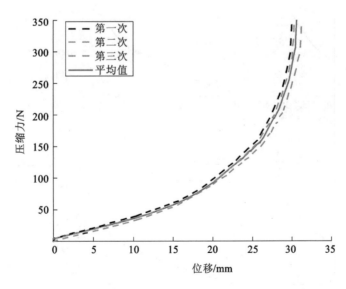

图 3-7　3 次试验求取平均值

通过上述对压缩弹簧试验数据进行求取平均值，可以尽可能地减小弹簧每次压缩试验的误差。

3.2.2　非线性弹簧机械特性方程的拟合

由得到的每个弹簧的平均试验数据通过 origin 分析软件对压缩曲线进行非线性拟合(图 3-8),得到各类弹簧的非线性特性方程。由方差分析可知其相关系数 R、判定系数 R^2,调整判定系数的数值越接近于1,弹簧拟合的曲线符合程度越高,拟合得到的方程越能说明曲线的特性。非线性弹簧、拟合结果如表 3-4 所示。

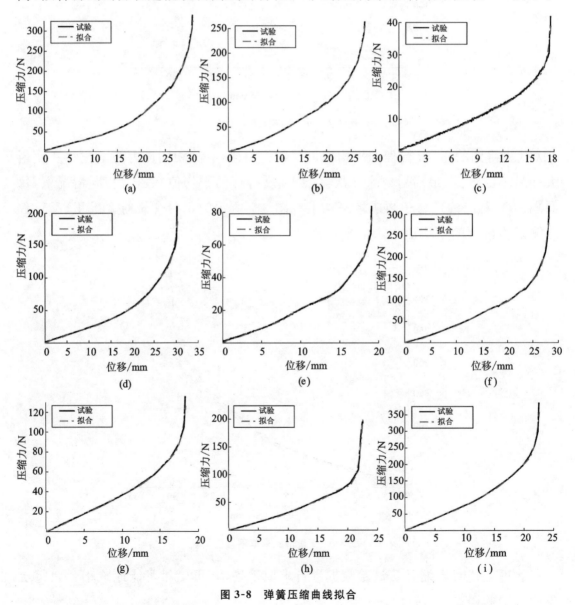

图 3-8　弹簧压缩曲线拟合

(a)1 号弹簧;(b)2 号弹簧;(c)3 号弹簧;(d)4 号弹簧;(e)5 号弹簧;(f)6 号弹簧;(g)7 号弹簧;(h)8 号弹簧;(i)9 号弹簧

表 3-4　非线性弹簧拟合结果

弹簧编号	R	R^2	调整后的 R^2	弹簧特性方程
1	0.999	0.999	0.999	$y = 3.311 + 5.068x - 1.468x^2 + 0.504x^3$
2	0.999	0.999	0.999	$y = -0.643 + 5.970x - 2.684x^2 + 1.030x^3$
3	0.997	0.994	0.994	$y = -0.139 + 4.878x - 5.255x^2 + 3.035x^3$
4	0.997	0.995	0.995	$y = -0.557 + 10.241x - 6.460x^2 + 2.178x^3$
5	0.998	0.997	0.997	$y = -0.095 + 7.783x - 7.921x^2 + 4.268x^3$
6	0.999	0.998	0.998	$y = -1.899 + 14.335x - 10.091x^2 + 3.783x^3$
7	0.999	0.998	0.998	$y = 1.948 + 12.558x - 11.257x^2 + 6.132x^3$
8	0.998	0.995	0.995	$y = -2.349 + 15.845x - 14.480x^2 + 6.679x^3$
9	0.999	0.997	0.997	$y = -6.547 + 32.924x - 24.970x^2 + 10.592x^3$

3.3　非线性弹簧参数对非线性振动影响的测试

3.3.1　非线性仿真实验

为了通过实验了解非线性弹簧性能对非线性振动时效装置的非线性振动特性的影响,先采用 ADAMS 软件对不同参数的非线性弹簧构成的振动系统进行仿真,所建模型如图 3-9 所示。A 为 45 号钢的工件,B 为非线性弹簧,其非线性弹簧机械特性由输入的参数来确定。C 是实际工作台及激振器等的等效体。非线性振动台与弹簧间设为实体对实体的联结。在振动台下方建立三个非线性弹簧,弹簧与地面间添加全约束,约束加在弹簧底部端面 3、4、5 三个点上,限定弹簧底端不能移动。圆柱工件两端 1、2 两点上施加固定约束。工件等的弹性性能等由模型的尺寸和材料参数等设定。

(1)假设支撑振动平台的非线性弹簧的特性为 $y = ax^2$。

对含有平方项的非线性方程进行振动分析,其平方项刚度系数 a 分别为 0.01、0.1、1、2、3 五组不同的参数。计算出对应的一、二阶响应的频率及对应的加速度值如表 3-5(括号中,逗号前为频率,逗号后为加速度)和图 3-10 所示。

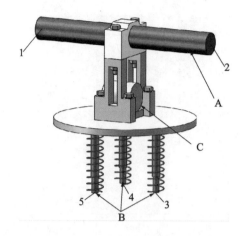

图 3-9　ADAMS 非线性振动平台模型

表 3-5　不同平方项非线性弹簧的响应

	$y = 0.01x^2$	$y = 0.1x^2$	$y = x^2$	$y = 2x^2$	$y = 3x^2$
第一响应峰值	(23,27)	(23,32)	(23,34)	(23,37)	(23,40)
第二响应峰值	(40,24)	(46,25)	(53,31)	(56,35)	(61,39)

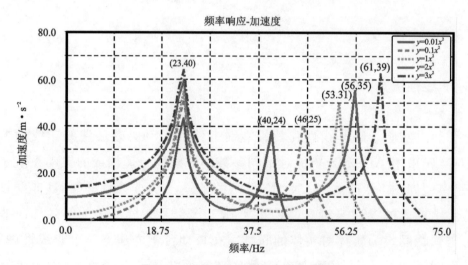

图 3-10　不同平方项刚度参数频响图

　　图 3-10 中横坐标为频率,纵坐标为工件中部位置的加速度。其中,第二响应峰值代表高次谐波响应。从图上可以发现,当平方项刚度系数逐渐增大,其高次谐波响应频率向右移动,而且高次谐波响应的加速度也逐渐增大。结果显示平方项的刚度系数影响高次谐波响应,其数值越大,加速度响应越大。

　　(2)假设支撑振动平台的非线性弹簧模型为 $y = bx^3$。

　　对含有立方项的非线性方程进行振动分析,其立方项刚度系数 b 分别为

0.01、0.1、1、2、3 五组不同的参数。仿真计算获得的频率及对应的加速度值如表 3-6 和图 3-11 所示。

表 3-6   不同立方项非线性弹簧的响应

	$y = 0.01x^3$	$y = 0.1x^3$	$y = x^3$	$y = 2x^3$	$y = 3x^3$
第一响应峰值	(23,33)	(23,38)	(23,39)	(23,42)	(23,45)
第二响应峰值	(57,31)	(64,33)	(70,36)	(75,42)	(81,47)

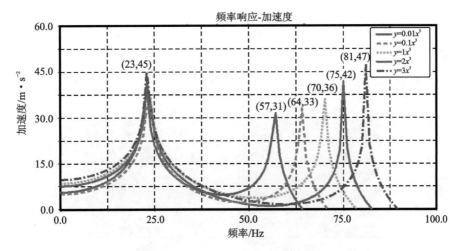

图 3-11   不同立方项刚度参数频响图

图 3-11 中横坐标为频率,纵坐标为工件中部被激振位置的加速度。其中,第二响应峰值为高次谐波响应。从图上可以发现,当立方项刚度系数逐渐增大,其高次谐波响应频率向右移动,而且高次谐波响应共振点的加速度也逐渐增大。结果显示立方项的系数影响高次谐波响应,其数值越大,高次谐波响应的加速度越大。

上述两个仿真显示,对于具有平方非线性弹簧或立方非线性弹簧的较复杂的装置,能引起超谐波响应的频率范围可能比较大。在系统固有频率的真分数附近激振,也可能获得较明显的超谐波共振响应,且受非线性项系数的影响较大,其原因和规律还有待进一步深入研究。我们在设计非线性共振式振动时效装置时,可通过较多仿真和实验工作,选用合适的弹簧参数,以获得更好的效果。

3.3.2   非线性弹簧参数对非线性振动影响的测试

上节仿真实验得到,非线性元件的非线性项系数的增大可使系统的非线性共振更加明显。非线性共振式振动时效装置正是运用系统的非线性特性来实现振动时效的。本节介绍实验验证非线性弹簧参数对非线性振动时效装置超谐共振特性的影响。

　　选取直径为 $\phi 50\text{mm}$ 的 45 号钢制成的测试用圆柱工件，为夹持圆柱工件使激振器激励传递给工件，设计如图 3-12(a)所示圆柱夹块。圆柱夹块中间 $\phi 6\text{mm}$ 通孔使激振器激振连杆穿过且两端以螺母拧紧，圆柱夹块四周均匀分布 $\phi 12\text{mm}$ 通孔使螺纹杆连接上、下夹块通过螺母夹紧圆柱工件，振动激励即作用于圆柱工件该部分。

　　为固定圆柱工件两端，设计如图 3-12(b)所示支撑夹块套，其中包括凹形上、下夹块，螺纹杆，钻有螺纹孔的支撑基座。凹形夹块通过上下螺母夹紧，凹形夹块的位置可由螺纹杆下螺母自由调节使得圆柱工件两端固定。

　　模拟振动试验台实物如图 3-13 所示。

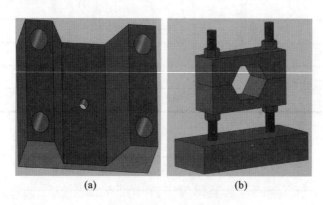

(a)　　　　　　　　　　(b)

图 3-12　模拟振动试验台夹具设计

(a)圆柱夹块；(b)支撑夹块套

传感器

图 3-13　模拟振动试验台实物图

加速度传感器安装在靠近激振块的圆柱体上(图 3-13 中安装在圆柱工件左端轴面上黑色的传感器就是加速度传感器)。考虑到数据的准确,选用电磁激振器,倒立安装在圆柱上方,通过凹性夹块将激振力作用于圆柱上。通过信号发生器控制电磁激振器输出的激振力和频率。试验中通过信号发生器保持每个弹簧振动过程激振电压一致。每组弹簧支撑圆柱进行振动,采集圆柱振动信号 3 次,然后取平均值。激振频率为 17Hz 时圆柱上 17Hz 和 34Hz 的振动响应信号如表 3-7 所示。

表 3-7　圆柱上 17Hz 和 34Hz 的振动响应信号

弹簧序号	17Hz 的加速度/m·s⁻²	34Hz 的加速度/m·s⁻²	弹簧方程
1	0.0481	0.0005	$y = 3.311 + 5.068x - 1.468x^2 + 0.504x^3$
2	0.0544	0.0008	$y = -0.643 + 5.970x - 2.684x^2 + 1.030x^3$
3	0.0466	0.0014	$y = -0.139 + 4.878x - 5.255x^2 + 3.035x^3$
4	0.0557	0.0015	$y = -0.557 + 10.241x - 6.460x^2 + 2.178x^3$
5	0.0586	0.0015	$y = -0.095 + 7.783x - 7.921x^2 + 4.268x^3$
6	0.0866	0.0022	$y = -1.899 + 14.335x - 10.091x^2 + 3.783x^3$
7	0.0768	0.0034	$y = 1.948 + 12.558x - 11.257x^2 + 6.132x^3$
8	0.0826	0.0050	$y = -2.349 + 15.845x - 14.480x^2 + 6.679x^3$
9	0.110	0.0138	$y = -6.547 + 32.924x - 24.970x^2 + 10.592x^3$

通过对 34Hz 频率的加速度幅值的分析可以发现,随着弹簧方程平方项的增大,其加速度幅值逐渐增大,显示弹簧方程平方项数值越大其发生二次超谐振动越明显。

所以在设计非线性振动时效平台时,所用的非线性弹簧的非线性系数越高,其线性特性也就越明显,越有助于激发系统较高频率的非线性共振,使高刚度工件在较大振幅的共振中获得足够大的动应力,从而满足消除残余应力的需求。

3.4　激振力的影响

3.4.1　试验台搭建

为了更好地了解非线性振动时效的动力学特性,选用一个长 850mm、直径为

150mm 的 45 号钢圆柱工件作为试验对象，对其进行非线性振动时效。考虑到工件的稳定性，以及实际振动时效处理中常见的处理方向，对工件采用两端固定，中间安放激振器这种形式。具体如图 3-14 所示：圆锥螺旋弹簧 1 下端与地面支撑，上端与激振块 2 相连接；激振器 3 由凹形夹块 7、支撑夹块 6 通过六角头螺栓与激振块 2 相夹紧；圆柱工件 4 通过 V 形夹块 5 进行夹持，圆柱工件两端固定。当激振器工作时，圆柱工件 4、激振块 2、圆锥螺旋弹簧 1、夹块等组成一个非线性系统，使得非线性系统发生接近于系统固有频率的超谐振动。非线性超谐振动平台实物如图 3-15 所示。

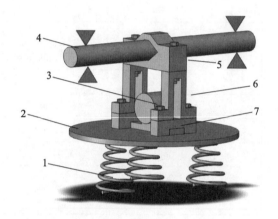

图 3-14　非线性超谐振动平台三维设计图

1—圆锥螺旋弹簧；2—激振块；3—激振器；4—圆柱工件

5—V 形夹块；6—支撑夹块；7—凹形夹块

图 3-15　非线性超谐振动平台实物图

工件采用简支梁支撑形式，理想状态工件两端应采用完全固定的支撑方式。

但是实际工作中常难以获得这样的理想支撑,而工程上经常采用橡胶垫的自由支撑。为此,测试金属支撑和弹性支撑时,工件的振型和振幅,为理论分析和实验研究提供参考。在试验中,先后采用两种支撑方式,一种是刚性支撑,另外一种是橡胶垫支撑,分别对这两种支撑方式的工件在相同激振条件下的振动情况进行对比。振动时域图分别如图 3-16、图 3-17 所示。两种支撑方式左右端时域图加速度幅值如表 3-8 所示。

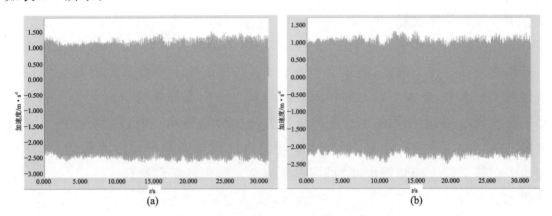

图 3-16 刚性支撑左右两端振动时域图

(a)圆柱工件左端;(b)圆柱工件右端

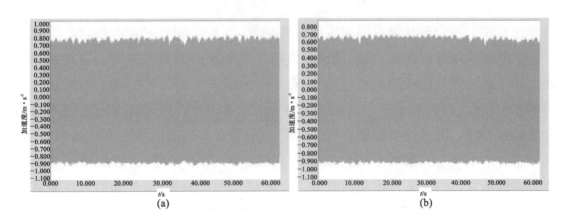

图 3-17 橡胶支撑左右两端振动时域图

(a)圆柱工件左端;(b)圆柱工件右端

表 3-8 两种支撑方式左右端时域图加速度幅值

支撑方式	圆柱左端/$m \cdot s^{-2}$	圆柱右端/$m \cdot s^{-2}$
刚性	3.65	3.25
橡胶垫	1.65	1.50

在激振时圆柱工件的振动测量值是由多个振动组合而成,包括圆柱工件整体的跳动和圆柱工件自身的弯曲振动。通过表 3-8 的试验数据可以发现,当圆柱工件左右两端的支撑方式采用刚性支撑时,其振动的加速度幅值是橡胶垫支撑的两倍多,显示应用橡胶垫支撑可以减少圆柱工件左右两端的跳动,意味着减少圆柱工件的整体跳动,使非线性超谐振动平台作用于圆柱工件的中部能量更多地集中在圆柱工件自身的弯曲振动,使圆柱工件的弯曲变形更明显,所以选用橡胶垫对左右两端进行支撑较好。

非线性超谐振动平台对工件的主要作用方向为竖直方向,但非线性弹簧在加工过程中会存在加工误差,高度会有所偏差,支撑面的不平整因素等都会使振动平台达不到水平,造成激振力的作用方向与竖直方向有所偏移。因此为了确保振动平台达到水平,使作用的工件受到竖直方向的激励振动。所以需要使用水平仪在振动平台的四周进行测量,根据各个倾斜角度调整弹簧的高度和位置,最终使振动平台每个位置的倾斜角度为零,则非线性超谐振动平台达到水平。

3.4.2 激振力大小对非线性振动时效影响的测试

实验采用的是振动时效中常用的惯性式激振器中的双轴式惯性激振器,惯性式激振器的工作原理是偏心块被安装在转轴上,当转轴旋转时偏心块会产生离心力。而双轴式惯性激振器,是质量相等的两个偏心块分别被对称地安装在两根转轴上。当两轴做反向等速回转运动时,在水平方向两个偏心块的离心力分量大小相等方向相反,因此水平方向的离心力分量相互抵消,而在竖直方向上的离心力分量获得叠加。因此该类激振器产生的是一个竖直方向的周期性变化的激振力。这个力的大小通过调整偏心块的偏心距可以实现,偏心距越大,激振器产生的激振力也就越大。因为工件振动时效时需要的是一个弯曲振动,所受的力是竖直方向上的,而双轴式惯性激振器可提供竖直方向的激振力。另外驱动转子为永磁式直流电动机,其调速性能好,范围宽,采用电子控制,能充分适应各种机械负载特性的需要。本实验采用的惯性激振器可以通过调整激振器上的偏心盘来调整偏心块的偏心距,从而改变激振力的大小。当偏心盘指针指向大角度,偏心距变大,激振力也随之变大。为了研究激振器激振力的大小,即偏心盘指向不同角度时对圆柱工件发生超谐振动的影响,本节搭建了如图 3-15 所示振动台,在圆柱工件上激振器夹持端的左右分别均匀布置 3 个加速度传感器,如图 3-18、图 3-19 所示。

图 3-18　加速度传感器布置

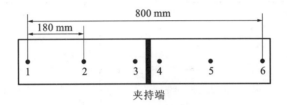

图 3-19　加速度传感器布置示意图

本次实验设置激振器的转速为 4200rad/min,即 $f = 70\mathrm{Hz}(f = n/60)$,分别在激振器的偏心盘对应角度为 0°、15°、30°、45°、50°、60° 下振动,再通过 MDR 移动数据记录器采集振动信号 60s,每个角度作用下分别采集 10 次。采集得到的时域信号经过 DDP 频谱分析软件处理得到各点在不同角度(即不同激振力作用下)的频率与加速度幅值图,去除相应加速度幅值最大、最小值 2 次数据,对剩余 8 次对应的加速度幅值数据求平均值,这样尽可能地消除测量当中的误差。将同一点在不同角度(即不同激振力作用下)对应 70Hz、140Hz、210Hz、280Hz 等几个响应频率的加速度值连接成线,其频响结果如图 3-20 所示。

从图 3-20 可以发现,随着激振器刻度盘角度的增大,即激振力的增大,各频率响应的加速度也逐渐增大;当角度为 45° 时,其 140Hz 频率、210Hz 频率响应的加速度达到最大。因此,非线性振动平台产生的高次谐波响应与激振力的大小有关,在激振器刻度盘角度为 45° 时,本实验所搭建的振动平台高次谐波响应最大,而且此时工件呈中部加速度大、两端加速度小的振型,有利于振动时效消减残余应力。但两端的加速度也不是很小,工件可能还有较大的整体平动。若是这样,工件弹性变形不够大的话,振动时效的效果就会不佳。所以,现今工程上较多采用的自由支撑方式还有待改进。

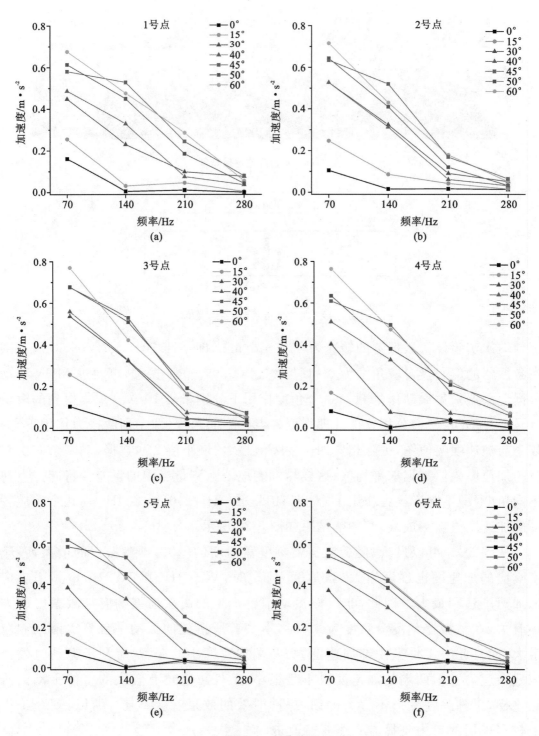

图 3-20　频响结果

3.5 非线性振动模态测试

3.5.1 圆柱固有振型仿真分析

为了简化实验,并对实验有一个预估。在进行实验前,用 ANSYS 软件对实验的工件进行模态分析。对于本书实验对象圆柱工件,由于是在竖直方向进行弯曲振动,所以只需要了解其竖直方向的前两阶振型就可以了。通过仿真,圆柱工件的前两阶振型如图 3-21 所示。

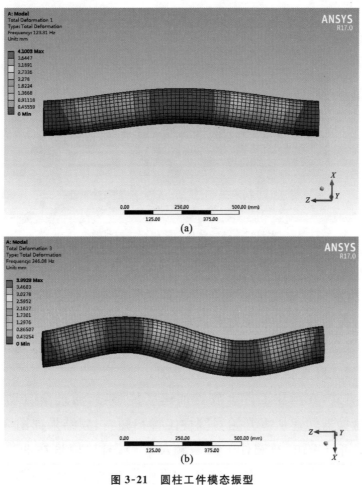

图 3-21 圆柱工件模态振型

(a)第一阶模态振型;(b)第二阶模态振型

3.5.2　固有频率测试

通过非线性超谐振动平台对圆柱工件作用,研究圆柱工件的振动情况,确定非线性超谐振动平台是否能使圆柱工件发生共振,首先对系统的固有频率进行测试。由于试验系统是由多个工件组成,采用扫频法以获得其固有频率,即在激振功率输出不变的情况下,由低到高调节激振器的激振频率,通过示波器,可以观察到被测对象在某一频率下,任一振动量(位移、速度、加速度)幅值迅速增加,这个频率就是其某阶固有频率。

扫频试验主要采用神华全自动轧辊亚共振时效仪(SHZG2104),如图 3-22 所示。该设备主要部分包括全自动彩屏控制器、激振器(额定功率 3.2kW)、测振器等。

图 3-22　神华全自动轧辊亚共振时效仪

振动台仍如图 3-15 所示,其中非线性弹簧做了更换,新设计的非线性弹簧的参数如表 3-9 所示。在振动平台上布置加速度传感器。通过全自动彩屏控制器设置振前扫频,激振器转速从零开始对振动台进行激振,同时传感器通过 MDR 移动数据记录器把采集到的数据传递给计算机,采集后的时域信号再经过 DDP 频谱分析软件进行傅立叶变换得到相应的频谱图。

按照这种方式,在圆柱工件上放置加速度传感器,通过全自动彩屏控制器设置振前扫频,激振器转速从零开始对圆柱工件扫频,扫频结果如图 3-23 所示。

从图 3-23 可以看出,对圆柱工件扫频过程中,时域信号在 95s 左右时振动幅值突然增大,经过频谱分析得到系统的一阶固有频率为 125.5Hz,二阶固有频率为 251.0Hz。

表 3-9　弹簧参数

小端直径/mm	大端直径/mm	弹簧线径/mm	自由高度/mm	圈数
80	160	14	300	10

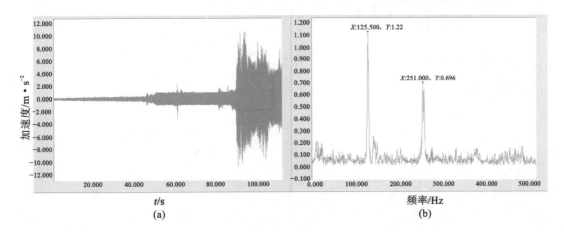

图 3-23　扫频结果

3.5.3　非线性振动台对圆柱工件超谐振动

振动平台夹具夹持圆柱工件中部,在夹持端两边分别均匀布置 4 个加速度传感器,如图 3-24 所示。

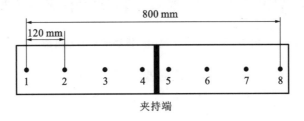

图 3-24　加速度传感器布点

要求非线性超谐振动系统在较低的激振频率产生高次谐波的振动,考虑全自动彩屏控制器设置转速的精确位数,分别设置转速为 3750rad/min($f=62.5$Hz)、7500rad/min($f=125$Hz),激振器的刻度盘角度为 45°,每次时域信号采集时间为 60s,共采集 10 次,对其频谱分析后去除相应加速度幅值最大、最小值 2 次数据,对剩余 8 次对应的加速度幅值数据求平均值。

3.5.4 数据分析

（1）激振频率为 62.5Hz

62.5Hz 激励时，振动响应的频谱图如图 3-25 所示。

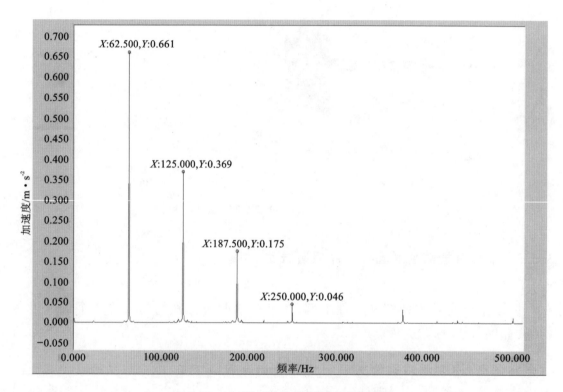

图 3-25 62.5Hz 激励时振动响应的频谱图

由上图可以看出，当以 62.5Hz 激振的时候能使工件产生相应的 125Hz、187.5Hz 和 250Hz 等高次频率的振动。各点对应的各频率振动加速度平均幅值如表 3-10 所示。振型如图 3-26 所示。

表 3-10 激振频率 62.5Hz 时各点对应的各频率振动加速度平均幅值/m·s^{-2}

频率/Hz	1	2	3	4	5	6	7	8
62.5	0.564	0.585	0.621	0.661	0.683	0.628	0.593	0.573
125	0.201	0.301	0.316	0.369	0.360	0.292	0.311	0.189
187.5	0.062	0.127	0.136	0.175	0.178	0.133	0.135	0.050

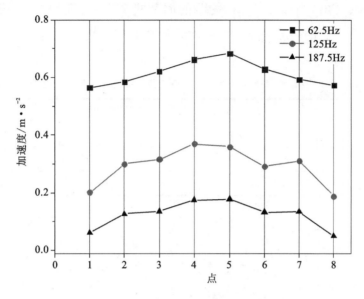

图 3-26 激振频率 62.5Hz 振型

（2）激振频率为 125Hz

125Hz 激励时，振动响应的频谱图如图 3-27 所示。

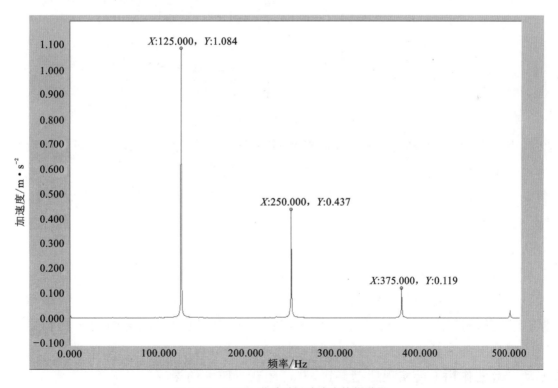

图 3-27 125Hz 激励时振动响应的频谱图

由上图可以看出,当以 125Hz 激振的时候能产生相应的 250Hz 和 375Hz 等高阶的超谐振动。此时各点对应的各阶频率振动加速度平均幅值如表 3-11 所示。振型如图 3-28 所示。

表 3-11　激振频率 125Hz 时各点对应的各阶频率振动加速度平均幅值/m·s⁻²

频率/Hz	1	2	3	4	5	6	7	8
125	1.037	1.117	1.128	1.322	1.238	1.103	1.095	1.084
250	0.366	0.467	0.529	0.428	0.381	0.373	0.404	0.437
375	0.052	0.123	0.161	0.061	0.043	0.051	0.075	0.123

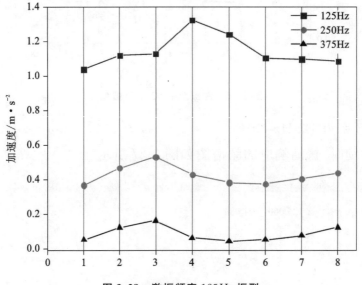

图 3-28　激振频率 125Hz 振型

由以上图、表可知,系统受到激振的作用能产生超谐振动频率。当激振频率为 62.5Hz 时,工件中部点的振动加速度较大,其产生的二倍频 125Hz 中部点的响应加速度值较大,两侧点加速度值较小;当激振频率为 125Hz 时,频率为 125Hz 对应的加速度值中间点大两侧点逐渐减小,其产生的二倍频 250Hz 各点的加速度值从 1 号点到 8 号点呈现近似正弦曲线的趋势。通过与 3.5.1 节对圆柱工件模态分析仿真得到的一阶、二阶振型对比发现,实验激振频率为 62.5Hz 时得到二倍频 125Hz 各点加速度值的曲线与仿真分析的圆柱工件一阶振动发生共振的振型近似;实验激振频率为 125Hz 时得到二倍频 250Hz 各点加速度值的曲线与仿真分析的圆柱工件二阶振动发生共振的振型近似。结果显示,圆柱工件在非线性超谐振动平台的作用下能实现超谐共振,并可望获得较大的振幅。

4 转子弯扭耦合共振有限元建模

　　采用数值计算方法研究转轴弯扭振动是较为简单、方便、可靠的方法。本章介绍转子弯扭耦合共振有限元建模。作为数值计算、分析工作的基础,建立弯扭耦合振动模型应该保证计算精度和求解的效率,表达转轴变形的轴段模型要考虑剪切变形,因为任何的剪切变形都可能是残余应力消减的动应力成分,还需要求出能够表达耦合项的动力学表达式,以便进行定性分析和定量分析。集中质量法将转轴转化为只有转动惯量的集中质量和只有弹性而没有质量的弹性轴段,是一种理想化的简化,无法得到截面应变、应力信息;偏微分方程组表达的连续分布质量模型是高阶非线性的,难以求解。有限元法是一种连续质量模型,已得到广泛应用,计算的精度由所划分的单元数目决定,以目前的计算机性能加上降阶的技术,是能够满足计算要求的。所以,选择有限元法来建立动力学方程,较为合适。

　　选择的轴段模型是 Timoshenko 梁-轴单元,耦合项由求解动态偏心矩阵来表达。Timoshenko 梁单元中,每个节点 5 个自由度:两个平移自由度,两个旋转自由度,一个扭转自由度;如果每个节点 6 个自由度,那就是考虑轴向力作用的弯曲-扭转耦合,在这个模型上增加轴向自由度,并将在机理研究时用到。

　　弯扭耦合共振式振动时效装置示意图如图 4-1 所示,轴承安装在底座上,转轴由轴承支承并由扭振电机驱动,偏心圆盘安装在转轴之上(示意图中只画出了一个偏心质量圆盘,省略了另两个),通过设置恰当的转速、扭振激励,使得转轴在恰当的振型下产生弯扭耦合共振,产生的动应力就可以消减转轴内部的残余应力。

　　通过有限元法建立偏心圆盘-转子-轴承系统模型,包括转轴单元、圆盘单元、轴承单元和偏心质量单元,如图 4-2 所示。

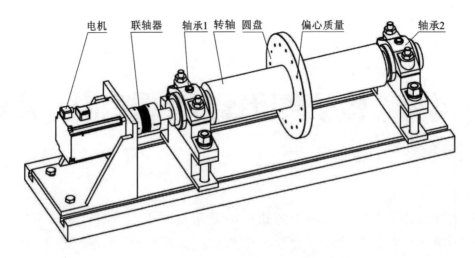

图 4-1   弯扭耦合共振式振动时效装置示意图

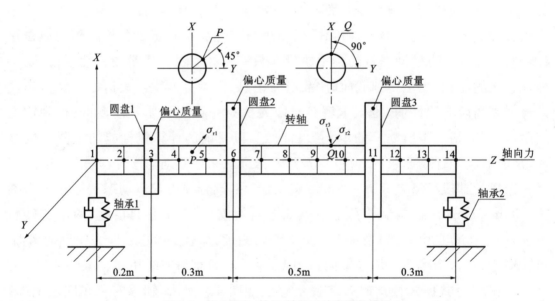

图 4-2   偏心圆盘-转子-轴承系统有限元模型

4.1   圆 盘 单 元

圆盘被视为刚性的,只有动能而没有势能,并且具有五个自由度:两个横向位移(V_d,W_d)、三个转角位移(B_d,Γ_d,α_d)。位于 X-Y 平面的圆盘如图 4-3 所示。质量为 m_d 的圆盘的动能表达式为:

$$T_d = \frac{1}{2}m_d(\dot{V}_d^2 + \dot{W}_d^2) + \frac{1}{2}J_d^d(\dot{B}_d^2 + \dot{\Gamma}_d^2) - \frac{1}{2}J_p^d(\Omega + \dot{\alpha}_d)(B_d\dot{\Gamma}_d - \dot{B}_d\Gamma_d) +$$

$$\frac{1}{2}J_p^d(\Omega + \dot{\alpha}_d)^2 \tag{4-1}$$

其中，V_d 与 W_d 分别为 X、Y 方向的位移，B_d 与 Γ_d 分别为 X-Y 平面的横向转角，α_d 为 Z 方向的转角，$\dot{\alpha}_d$ 为扭转角速度。J_d^d 为直径转动惯量，Ω 为转轴的旋转速度，J_p^d 为极转动惯量。

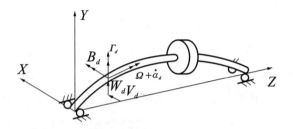

图 4-3 典型转轴圆盘系统与坐标系

应用拉格朗日方程，并且忽略高阶量，刚性圆盘的运动方程可以写为[93]：

$$\boldsymbol{M}_d\ddot{\boldsymbol{q}}_d + \Omega\boldsymbol{G}_d\dot{\boldsymbol{q}}_d = \boldsymbol{F}_d \tag{4-2}$$

其中

$$\boldsymbol{M}_d = \begin{bmatrix} m_d & & & & \\ 0 & m_d & & & \\ 0 & 0 & J_d^d & & \\ 0 & 0 & 0 & J_d^d & \\ 0 & 0 & 0 & 0 & J_p^d \end{bmatrix}_{\text{对称}} \tag{4-3}$$

$$\boldsymbol{G}_d = \begin{bmatrix} 0 & & & & \\ 0 & 0 & & & \\ 0 & 0 & 0 & & \\ 0 & 0 & -J_p^d & 0 & \\ 0 & 0 & 0 & 0 & 0 \end{bmatrix}_{\text{反对称}} \tag{4-4}$$

$$\boldsymbol{F}_d = \begin{bmatrix} m_d e\Omega^2 \\ 0 \\ 0 \\ 0 \\ 0 \end{bmatrix}\cos(\Omega t) + \begin{bmatrix} 0 \\ m_d e\Omega^2 \\ 0 \\ 0 \\ 0 \end{bmatrix}\sin(\Omega t) \tag{4-5}$$

$$\boldsymbol{q}_d = \begin{bmatrix} V_d & W_d & B_d & \Gamma_d & \alpha_d \end{bmatrix}^T$$ 是圆盘的广义坐标系，$\boldsymbol{M}_d$ 与 $\boldsymbol{G}_d$ 分别为圆盘的质量矩阵和陀螺矩阵，$\boldsymbol{F}_d$ 为圆盘的广义力向量。

4.2 转轴单元

本书研究转轴在复杂应力状态下的振动时效，任何剪切应力都可能对总动应力有贡献，残余应力消减时需要考虑剪切应力，即需要考虑剪切变形，因此需要选择合适的转轴模型。Euler-Bernoulli 梁的转子模态不包含陀螺力矩和剪切变形效应；Rayleigh 梁的转轴在低速旋转而且轴径与长度的比值较小时，所描述的转轴弯曲振动才有效果。而由于 Timoshenko 梁单元在弯曲变形中可以考虑剪切变形

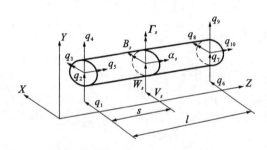

图 4-4 Timoshenko 转轴单元

和转动惯量的影响，因此它要优于 Euler-Bernoulli 梁模型和 Rayleigh 梁模型。此外，它可以更精确地建立粗而短的梁。同时，Timoshenko 梁单元还可以考虑陀螺力矩的影响。因此本书采用 Timoshenko 梁单元来进行转轴的建模，如图 4-4 所示。

将柔性转轴划分为若干有限元单元，图 4-4 表示两个节点的转轴单元，每个节点具有五个自由度（$V_s,W_s,B_s,\Gamma_s,\alpha_s$），轴向变形被忽略。修正后包含扭运动的动能、包含剪切变形与扭转变形的势能为[93]：

$$T_s = \frac{1}{2}\int_0^l \left[\rho A(\dot{V}_s^2 + \dot{W}_s^2) + J_d^s(\dot{B}_s^2 + \dot{\Gamma}_s^2) - J_p^s(\Omega + \dot{\alpha}_s)(B_s\dot{\Gamma}_s - \Gamma_s\dot{B}_s) + J_p^s(\Omega + \dot{\alpha}_s)^2\right]\mathrm{d}s$$

$$(4\text{-}6)$$

$$U_s = \frac{1}{2}\int_0^l \left\{EI(\dot{B}_s^2 + \dot{\Gamma}_s^2) + GJ_p^s\dot{\alpha}_s^2 + \kappa'GA\left[(\dot{V}_s - \dot{\Gamma}_s)^2 + (\dot{W}_s + \dot{B}_s)^2\right]\right\}\mathrm{d}s$$

$$(4\text{-}7)$$

其中 ρ、A、I、J_d^s 和 J_p^s 分别为转轴的材料密度、截面面积、截面惯性矩、直径转动惯量和极转动惯量，E、G 和 κ' 分别为杨氏模量、剪切模量和截面剪切因数。其中 κ' 为：

$$\kappa' = \frac{6(1+\nu)(1+m^2)^2}{(7+6\nu)(1+m^2)^2 + (20+12\nu)m^2}$$

$$(4\text{-}8)$$

其中,m 为转轴内径与外径的比值,ν 为泊松比。对于圆形截面,$\kappa' = 0.886$。

包含弯曲和扭转影响的型函数为:

$$
\begin{bmatrix} V_s \\ W_s \\ B_s \\ \Gamma_s \\ \alpha_s \end{bmatrix} = \begin{bmatrix} \boldsymbol{N} \\ \boldsymbol{D} \\ \boldsymbol{N}_\psi \end{bmatrix} \boldsymbol{q}_s = \begin{bmatrix} N_1 & 0 & 0 & N_2 & 0 & N_3 & 0 & 0 & N_4 & 0 \\ 0 & N_1 & -N_2 & 0 & 0 & 0 & N_3 & -N_4 & 0 & 0 \\ 0 & D_1 & -D_2 & 0 & 0 & 0 & D_3 & -D_4 & 0 & 0 \\ D_1 & 0 & 0 & D_2 & 0 & D_3 & 0 & 0 & D_4 & 0 \\ 0 & 0 & 0 & 0 & 1-\xi & 0 & 0 & 0 & 0 & \xi \end{bmatrix} \boldsymbol{q}_s
$$

$$(4-9)$$

其中,$\xi = s/l$,s 是沿着单元的轴向位置,l 是单元的长度,且

$$N_1 = [1 + \psi(1-\xi) - 3\xi^2 + 2\xi^3]/(1+\psi)$$

$$N_2 = l\xi[1 + \psi(1-\xi)/2 - 2\xi + \xi^2]/(1+\psi)$$

$$N_3 = \xi(\psi + 3\xi - 2\xi^2)/(1+\psi)$$

$$N_4 = l\xi[-\varphi(1-\xi)/2 - \xi + \xi^2]/(1+\psi)$$

$$D_1 = 6\xi(\xi-1)/[l(1+\psi)]$$

$$D_2 = [1 + \varphi(1-\xi) - 4\xi + 3\xi^2]/(1+\psi)$$

$$D_3 = -6\xi(\xi-1)/[l(1+\psi)]$$

$$D_4 = (\varphi\xi - 2\xi + 3\xi^2)/(1+\psi)$$

$$\psi = \frac{12EI}{\kappa'AGl^2}$$

$$\boldsymbol{q}_s = \begin{bmatrix} q_1 & q_2 & q_3 & q_4 & q_5 & q_6 & q_7 & q_8 & q_9 & q_{10} \end{bmatrix}^{\mathrm{T}}$$

其中,V_s 和 W_s 分别为 X 和 Y 方向的变形量,B_s 和 Γ_s 为 X 和 Y 轴的扭转角,α_s 是 Z 向(轴向)转角。

应用拉格朗日方程,柔性转轴的运动方程可以写为:

$$\boldsymbol{M}^s \ddot{\boldsymbol{q}}^s + \Omega \boldsymbol{G}^s \dot{\boldsymbol{q}}^s + \boldsymbol{K}^s \boldsymbol{q}^s = \boldsymbol{F}^s \qquad (4-10)$$

其中

$$\boldsymbol{M}^s = \boldsymbol{M}_T^s + \boldsymbol{M}_R^s + \boldsymbol{M}_\theta^s$$

$$\boldsymbol{M}_T^s = \boldsymbol{M}_{T0}^s + \psi\boldsymbol{M}_{T1}^s + \psi^2\boldsymbol{M}_{T2}^s$$

$$\boldsymbol{M}_R^s = \boldsymbol{M}_{R0}^s + \psi\boldsymbol{M}_{R1}^s + \psi^2\boldsymbol{M}_{R2}^s$$

$$\boldsymbol{G}^s = \boldsymbol{G}_0^s + \psi\boldsymbol{G}_1^s + \psi^2\boldsymbol{G}_2^s$$

$$\boldsymbol{K}^s = \boldsymbol{K}_0^s + \psi\boldsymbol{K}_1^s + \boldsymbol{K}_\theta^s$$

其中，$\boldsymbol{M}_T = \int_0^l \boldsymbol{N}^{\mathrm{T}} \mu A \boldsymbol{N} \mathrm{d}s$ 为弯曲质量矩阵，$\boldsymbol{M}_R^s = \int_0^l \boldsymbol{D}^{\mathrm{T}} J_p^s \boldsymbol{D} \mathrm{d}s$ 为扭转惯量矩阵，$\boldsymbol{M}_\theta^s = \int_0^l \boldsymbol{N}^{\mathrm{T}} J_p^s \boldsymbol{N} \mathrm{d}s$ 是扭转质量矩阵，$\boldsymbol{G}^s = \int_0^l \boldsymbol{N}_\psi^{\mathrm{T}} J_p^s \boldsymbol{N}_\psi \mathrm{d}s - (\int_0^l \boldsymbol{N}_\psi^{\mathrm{T}} J_p^s \boldsymbol{N}_\psi \mathrm{d}s)^{\mathrm{T}}$ 是陀螺矩阵，$\boldsymbol{K}^s$ 是包含弯曲变形和剪切变形 $\boldsymbol{K}_0^s + \varphi \boldsymbol{K}_1^s = \int_0^l \boldsymbol{N}''^{\mathrm{T}} EI \boldsymbol{N}'' \mathrm{d}s$ 及扭转变形 $\boldsymbol{K}_\theta^s = \int_0^l \boldsymbol{N}_\psi'^{\mathrm{T}} GJ_p^s \boldsymbol{N}' \mathrm{d}s$ 的刚度矩阵，r 为转轴单元的半径。

各个矩阵表达式如下[64,65]：

$$[\boldsymbol{M}_T^s]_0 = m_T \begin{bmatrix} 312 & & & & & & & & & \\ 0 & 312 & & & & & & & & \\ 0 & -44L & 8L^2 & & & & & & & \\ 44L & 0 & 0 & 8L^2 & & & & & & \\ 0 & 0 & 0 & 0 & 0 & & & & & \\ 108 & 0 & 0 & 26L & 0 & 312 & & & & \\ 0 & 108 & -26L & 0 & 0 & 0 & 312 & & & \\ 0 & 26L & -6L^2 & 0 & 0 & 0 & 44L & 8L^2 & & \\ -26L & 0 & 0 & -6L^2 & 0 & -44L & 0 & 0 & 8L^2 & \\ 0 & 0 & 0 & 0 & 0 & 0 & 0 & 0 & 0 & 0 \end{bmatrix}_{\text{对称}}$$

$$[\boldsymbol{M}_T^s]_1 = m_T \begin{bmatrix} 588 & & & & & & & & & \\ 0 & 588 & & & & & & & & \\ 0 & -44L & 14L^2 & & & & & & & \\ 77L & 0 & 0 & 14L^2 & & & & & & \\ 0 & 0 & 0 & 0 & 0 & & & & & \\ 252 & 0 & 0 & 63L & 0 & 588 & & & & \\ 0 & 252 & -63L & 0 & 0 & 0 & 588 & & & \\ 0 & 63L & -14L^2 & 0 & 0 & 0 & 77L & 14L^2 & & \\ -63L & 0 & 0 & -14L^2 & 0 & -77L & 0 & 0 & 14L^2 & \\ 0 & 0 & 0 & 0 & 0 & 0 & 0 & 0 & 0 & 0 \end{bmatrix}_{\text{对称}}$$

$$
\left[\boldsymbol{M}_T^s \right]_2 = m_T
\begin{bmatrix}
280 \\
0 & 280 \\
0 & -35L & 7L^2 \\
35L & 0 & 0 & 7L^2 \\
0 & 0 & 0 & 0 & 0 \\
140 & 0 & 0 & 35L & 0 & 280 \\
0 & 140 & -35L & 0 & 0 & 0 & 280 \\
0 & 35L & -7L^2 & 0 & 0 & 0 & 35L & 7L^2 \\
-35L & 0 & 0 & -7L^2 & 0 & -35L & 0 & 0 & 7L^2 \\
0 & 0 & 0 & 0 & 0 & 0 & 0 & 0 & 0 & 0
\end{bmatrix}_{\text{对称}}
$$

$$
m_T = \frac{\rho \pi r^2 L}{840(1+\psi)^2}
$$

$$
\left[\boldsymbol{M}_R^s \right]_0 = m_R
\begin{bmatrix}
36 \\
0 & 36 \\
0 & -3L & 4L^2 \\
3L & 0 & 0 & 4L^2 \\
0 & 0 & 0 & 0 & 0 \\
-36 & 0 & 0 & -3L & 0 & 36 \\
0 & -36 & 3L & 0 & 0 & 0 & 36 \\
0 & -3L & -L^2 & 0 & 0 & 0 & 3L & 4L^2 \\
3L & 0 & 0 & -L^2 & 0 & -3L & 0 & 0 & 4L^2 \\
0 & 0 & 0 & 0 & 0 & 0 & 0 & 0 & 0 & 0
\end{bmatrix}_{\text{对称}}
$$

$$
\left[\boldsymbol{M}_R^s \right]_1 = m_R
\begin{bmatrix}
0 \\
0 & 0 \\
0 & 15L & 5L^2 \\
-15L & 0 & 0 & 5L^2 \\
0 & 0 & 0 & 0 & 0 \\
0 & 0 & 0 & 15L & 0 & 0 \\
0 & 0 & -15L & 0 & 0 & 0 & 0 \\
0 & 15L & -5L^2 & 0 & 0 & 0 & 15L & 5L^2 \\
-15L & 0 & 0 & -5L^2 & 0 & 15L & 0 & 0 & 5L^2 \\
0 & 0 & 0 & 0 & 0 & 0 & 0 & 0 & 0 & 0
\end{bmatrix}_{\text{对称}}
$$

$$[\boldsymbol{M}_R^s]_2 = m_R \begin{bmatrix}
0 \\
0 & 0 \\
0 & 0 & 10L^2 \\
0 & 0 & 0 & 10L^2 \\
0 & 0 & 0 & 0 & 0 \\
0 & 0 & 0 & 0 & 0 & 0 \\
0 & 0 & 0 & 0 & 0 & 0 & 0 \\
0 & 0 & 5L^2 & 0 & 0 & 0 & 0 & 10L^2 \\
0 & 0 & 0 & 5L^2 & 0 & 0 & 0 & 0 & 10L^2 \\
0 & 0 & 0 & 0 & 0 & 0 & 0 & 0 & 0 & 0
\end{bmatrix}_{\text{对称}}$$

$$m_R = \frac{\rho\pi r^4}{120(1+\psi)^2 L}$$

$$[\boldsymbol{G}^s]_0 = 2m_R \begin{bmatrix}
0 \\
-36 & 0 \\
3L & 0 & 0 \\
0 & 3L & -4L^2 & 0 \\
0 & 0 & 0 & 0 & 0 \\
0 & -36 & 3L & 0 & 0 & 0 \\
36 & 0 & 0 & 3L & 0 & -36 & 0 \\
3L & 0 & 0 & -L^2 & 0 & -3L & 0 & 0 \\
0 & 3L & L^2 & 0 & 0 & 0 & -3L & 0 & 0 \\
0 & 0 & 0 & 0 & 0 & 0 & 0 & -4L^2 & 0 & 0
\end{bmatrix}_{\text{反对称}}$$

$$[\boldsymbol{G}^s]_1 = 2m_R \begin{bmatrix}
0 \\
0 & 0 \\
-15L & 0 & 0 \\
0 & -15L & -5L^2 & 0 \\
0 & 0 & 0 & 0 & 0 \\
0 & 0 & -15L & 0 & 0 & 0 \\
0 & 0 & 0 & -15L & 0 & 0 & 0 \\
-15L & 0 & 0 & -5L^2 & 0 & 15L & 0 & 0 \\
0 & -15L & 5L^2 & 0 & 0 & 0 & 15L & -5L^2 & 0 \\
0 & 0 & 0 & 0 & 0 & 0 & 0 & 0 & 0 & 0
\end{bmatrix}_{\text{反对称}}$$

$$
[\boldsymbol{G}^s]_2 = 2m_R
\begin{bmatrix}
0 \\
0 & 0 \\
0 & 0 & 0 \\
0 & 0 & -10L^2 & 0 \\
0 & 0 & 0 & 0 & 0 \\
0 & 0 & 0 & 0 & 0 & 0 \\
0 & 0 & 0 & 0 & 0 & 0 & 0 \\
0 & 0 & 0 & 5L^2 & 0 & 0 & 0 & 0 \\
0 & 0 & -5L^2 & 0 & 0 & 0 & 0 & -10L^2 & 0 \\
0 & 0 & 0 & 0 & 0 & 0 & 0 & 0 & 0 & 0
\end{bmatrix}_{\text{反对称}}
$$

$$
[\boldsymbol{K}^s]_0 = k^s
\begin{bmatrix}
12 \\
0 & 12 \\
0 & -6L & 4L^2 \\
6L & 0 & 0 & 4L^2 \\
0 & 0 & 0 & 0 & 0 \\
-12 & 0 & 0 & -6L & 0 & 12 \\
0 & -12 & 6L & 0 & 0 & 0 & 12 \\
0 & -6L & 2L^2 & 0 & 0 & 0 & 6L & 4L^2 \\
6L & 0 & 0 & 2L^2 & 0 & -6L & 0 & 0 & 4L^2 \\
0 & 0 & 0 & 0 & 0 & 0 & 0 & 0 & 0 & 0
\end{bmatrix}_{\text{对称}}
$$

$$
[\boldsymbol{K}^s]_1 = k^s
\begin{bmatrix}
0 \\
0 & 0 \\
0 & 0 & L^2 \\
0 & 0 & 0 & L^2 \\
0 & 0 & 0 & 0 & 0 \\
0 & 0 & 0 & 0 & 0 & 0 \\
0 & 0 & 0 & 0 & 0 & 0 & 0 \\
0 & 0 & -L^2 & 0 & 0 & 0 & 0 & L^2 \\
0 & 0 & 0 & -L^2 & 0 & 0 & 0 & 0 & L^2 \\
0 & 0 & 0 & 0 & 0 & 0 & 0 & 0 & 0 & 0
\end{bmatrix}_{\text{对称}}
$$

$$k^s = \frac{EI}{L^3(1+\psi)}$$

$$[\boldsymbol{M}_\theta^s]_2 = \frac{1}{6}I_P^s L \begin{bmatrix} 0 & & & & & & & & & \\ 0 & 0 & & & & & & & & \\ 0 & 0 & 0 & & & & & & & \\ 0 & 0 & 0 & 0 & & & & & & \\ 0 & 0 & 0 & 0 & 2 & & & & & \\ 0 & 0 & 0 & 0 & 0 & 0 & & & & \\ 0 & 0 & 0 & 0 & 0 & 0 & 0 & & & \\ 0 & 0 & 0 & 0 & 0 & 0 & 0 & 0 & & \\ 0 & 0 & 0 & 0 & 0 & 0 & 0 & 0 & 0 & \\ 0 & 0 & 0 & 0 & 1 & 0 & 0 & 0 & 0 & 2 \end{bmatrix}_{\text{对称}}$$

$$[\boldsymbol{K}_\theta^s]_2 = \frac{GI_P^s}{L} \begin{bmatrix} 0 & & & & & & & & & \\ 0 & 0 & & & & & & & & \\ 0 & 0 & 0 & & & & & & & \\ 0 & 0 & 0 & 0 & & & & & & \\ 0 & 0 & 0 & 0 & 1 & & & & & \\ 0 & 0 & 0 & 0 & 0 & 0 & & & & \\ 0 & 0 & 0 & 0 & 0 & 0 & 0 & & & \\ 0 & 0 & 0 & 0 & 0 & 0 & 0 & 0 & & \\ 0 & 0 & 0 & 0 & 0 & 0 & 0 & 0 & 0 & \\ 0 & 0 & 0 & 0 & -1 & 0 & 0 & 0 & 0 & 1 \end{bmatrix}_{\text{对称}}$$

4.3　动态不平衡质量单元

　　质量偏心是弯扭耦合的前提[72]，因此求得动态偏心质量的矩阵并添加到系统方程中是实现弯扭之间耦合的关键步骤。

　　图 4-5 所示坐标系统与变形配置中，X-Y 是固定惯性参考坐标系，x^m-y^m 是伴随着圆盘转动的坐标系，x-y 是伴随着圆盘扭转的坐标系。$\theta_u = \Omega t$ 是圆盘在任意时刻相对于固定惯性参考坐标系的角位移，ψ_u 是圆盘在任意时刻相对于 x^m-y^m 坐标的扭

转角。m_u 是不平衡质量，e 是不平衡质量与圆盘中心的距离。e_x 与 e_y 为向量 $\boldsymbol{e} = [e_x \quad e_y]^{\mathrm{T}}$ 的分量。γ_u 与 e 代表不平衡质量在圆盘上所处的位置，R_c 与 ψ_d 代表不平衡质量的中心位置。

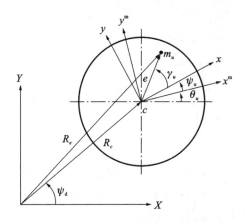

图 4-5 坐标系统与变形配置

忽略圆盘倾斜的影响，偏心圆盘-转轴系统的动能可以表示为[41]：

$$T_d^u = \frac{1}{2}m_d(\dot{x}_d^2 + \dot{y}_d^2) + \frac{1}{2}J_d(\dot{\theta}_d + \dot{\psi}_d)^2 + \frac{1}{2}J_p\,\dot{\theta}_d^2 + \frac{1}{2}\sum_{i=1}^{n}m_u\,\dot{\boldsymbol{R}}_e^{\mathrm{T}}\dot{\boldsymbol{R}}_e \quad (4\text{-}11)$$

将偏心质量视为一个独立的单元，提取出式子(4-11)的最后一项，即为单个动态不平衡质量的动能：

$$T_u = \frac{1}{2}m_u\,\dot{\boldsymbol{R}}_e^{\mathrm{T}}\dot{\boldsymbol{R}}_e \quad (4\text{-}12)$$

假设扭转振动的角度很小，即 $\cos\psi_d \approx 1$，$\sin\psi_d \approx \psi_d$，不平衡质量 m_u 在惯性参考坐标系之下的速度向量 $\boldsymbol{R}_e$ 可以写为[41]：

$$
\begin{aligned}
\boldsymbol{R}_e &= \begin{bmatrix} x_u \\ y_u \end{bmatrix} + \begin{bmatrix} \cos\theta_u & -\sin\theta_u \\ \sin\theta_u & \cos\theta_u \end{bmatrix}\begin{bmatrix} \cos\psi_u & -\sin\psi_u \\ \sin\psi_u & \cos\psi_u \end{bmatrix}\begin{bmatrix} e_x \\ e_y \end{bmatrix} \\
&\approx \begin{bmatrix} x_u \\ y_u \end{bmatrix} + \begin{bmatrix} \cos\theta_u & -\sin\theta_u \\ \sin\theta_u & \cos\theta_u \end{bmatrix}\begin{bmatrix} 1 & -\psi_u \\ \psi_u & 1 \end{bmatrix}\begin{bmatrix} e_x \\ e_y \end{bmatrix} \\
&= \begin{bmatrix} x_u + (e_x - \psi_u e_y)\cos\theta_d - (\psi_u e_x + e_y)\sin\psi_u \\ y_u + (e_x - \psi_u e_y)\sin\psi_d - (\psi_u e_x + e_y)\cos\theta_u \end{bmatrix}
\end{aligned} \quad (4\text{-}13)
$$

x_u 与 y_u 为不平衡质量在 x-y 坐标下任意时刻的水平位移和垂直位移。对速度向量 $\boldsymbol{R}_e$ 求导得：

$$\dot{\boldsymbol{R}}_e = \begin{bmatrix} \dot{x}_u - \dot{\theta}_u e_x \sin\theta_u - \dot{\psi}_u e_y \cos\theta_u + \dot{\theta}_u \psi_u e_y \sin\theta_u - \\ \dot{\psi}_u e_x \sin\theta_u - \dot{\theta}_u \psi_u e_x \cos\theta_u - \dot{\theta}_u e_y \cos\theta_u \\ \dot{y}_u + \dot{\theta}_u e_x \cos\theta_u - \dot{\psi}_u e_y \sin\theta_u - \dot{\theta}_u \psi_u e_y \cos\theta_d + \\ \dot{\psi}_u e_x \cos\theta_u - \dot{\theta}_u \psi_u e_x \sin\theta_u - \dot{\theta}_u e_y \sin\theta_u \end{bmatrix} \quad (4\text{-}14)$$

将式(4-14)代入式(4-11),动态不平衡质量的动能为:

$$T_u = m_u(\dot{x}_u^2 + \dot{y}_u^2)/2 + m_u[(\dot{\psi}_u e)^2 + (\dot{\theta}_u e)^2 + (\dot{\theta}_u \dot{\psi}_u e)^2]/2 +$$

$$m_u \dot{\theta}_u \dot{\psi}_u e^2 + m_u \dot{\psi}_u \dot{y}_u A_2 - m_u \dot{\psi}_u \dot{x}_u A_1 -$$

$$m_u \dot{\theta}_u \dot{y}_u \psi_u A_1 + m_u \dot{\theta}_u \dot{y}_u A_2 - m_u \dot{\theta}_u \dot{x}_u A_1 - m_u \dot{\theta}_u \dot{x}_u \psi_u A_2 \quad (4\text{-}15)$$

其中 $e^2 = e_x^2 + e_y^2$, $A_1 = e_x \sin\theta_u - e_y \cos\theta_u$, $A_2 = e_x \cos\theta_u - e_y \sin\theta_u$ 。

应用拉格朗日方程 $\dfrac{\partial}{\partial t}\left(\dfrac{\partial T_u}{\partial \dot{\boldsymbol{q}}_u}\right) - \dfrac{\partial T_u}{\partial \boldsymbol{q}_u} = \boldsymbol{F}_u$ 并且假设无初始相位角,即 $e_y = 0$。忽略 θ_u 的高阶项,将它们写成矩阵的形式,动态不平衡质量的动力学方程可以写为:

$$\boldsymbol{M}_u \ddot{\boldsymbol{q}}_u + \boldsymbol{C}_u \dot{\boldsymbol{q}}_u + \boldsymbol{K}_u \boldsymbol{q}_u = \boldsymbol{F}_u \quad (4\text{-}16)$$

其中

$$\boldsymbol{M}_u = \begin{bmatrix} m_u & 0 & 0 & 0 & -m_u e \sin\theta_u \\ 0 & m_u & 0 & 0 & m_u e \cos\theta_u \\ 0 & 0 & 0 & 0 & 0 \\ 0 & 0 & 0 & 0 & 0 \\ -m_u e \sin\theta_u & m_u e \cos\theta_u & 0 & 0 & m_u e^2 \end{bmatrix}$$

$$\boldsymbol{C}_u = -2\begin{bmatrix} 0 & 0 & 0 & 0 & m_u \dot{\theta} e \cos\theta_u \\ 0 & 0 & 0 & 0 & m_u \dot{\theta} e \sin\theta_u \\ 0 & 0 & 0 & 0 & 0 \\ 0 & 0 & 0 & 0 & 0 \\ 0 & 0 & 0 & 0 & 0 \end{bmatrix}$$

$$\boldsymbol{K}_u = \begin{bmatrix} 0 & 0 & 0 & 0 & m_u \dot{\theta}_u^2 e \sin\theta_u \\ 0 & 0 & 0 & 0 & -m_u \dot{\theta}_u^2 e \cos\theta_u \\ 0 & 0 & 0 & 0 & 0 \\ 0 & 0 & 0 & 0 & 0 \\ 0 & 0 & 0 & 0 & -m_u e^2 \dot{\theta}_u^2 \end{bmatrix}$$

$$\boldsymbol{F}_u = \begin{bmatrix} m_u e \cos\theta \\ m_u e \sin\theta \\ 0 \\ 0 \\ 0 \end{bmatrix}$$

$\boldsymbol{q}_u = \begin{bmatrix} x_u & y_u & B_u & \Gamma_u & \psi_u \end{bmatrix}^{\mathrm{T}}$ 是动态不平衡质量的广义坐标。

当求解转子-轴承系统的瞬态动力学特性时,将刚性圆盘的矩阵与动态不平衡质量矩阵结合在一起,即将圆盘单元矩阵与偏心质量单元矩阵相加,可以写为:

$$\boldsymbol{M}_d^u = \begin{bmatrix} m_d + m_u & 0 & 0 & 0 & -m_u e \sin\theta_u \\ 0 & m_d + m_u & 0 & 0 & m_u e \cos\theta_u \\ 0 & 0 & J_d^d & 0 & 0 \\ 0 & 0 & 0 & J_d^d & 0 \\ -m_u e \sin\theta_u & m_u e \cos\theta_u & 0 & 0 & J_p^d + m_u e^2 \end{bmatrix}$$

$$\boldsymbol{K}_d^u = \begin{bmatrix} 0 & 0 & 0 & 0 & m_u \dot{\theta}_u^2 e \sin\theta_u \\ 0 & 0 & 0 & 0 & -m_u \dot{\theta}_u^2 e \cos\theta_u \\ 0 & 0 & 0 & 0 & 0 \\ 0 & 0 & 0 & 0 & 0 \\ 0 & 0 & 0 & 0 & -m_u e^2 \dot{\theta}_u^2 \end{bmatrix}$$

$$\boldsymbol{C}_d^u = -2 \begin{bmatrix} 0 & 0 & 0 & 0 & m_u \dot{\theta} e \cos\theta_u \\ 0 & 0 & 0 & 0 & m_u \dot{\theta} e \sin\theta_u \\ 0 & 0 & 0 & 0 & 0 \\ 0 & 0 & 0 & 0 & 0 \\ 0 & 0 & 0 & 0 & 0 \end{bmatrix}$$

$$\boldsymbol{G}_d^u = \begin{bmatrix} 0 & 0 & 0 & 0 & 0 \\ 0 & 0 & 0 & 0 & 0 \\ 0 & 0 & 0 & J_p^d & 0 \\ 0 & 0 & -J_p^d & 0 & 0 \\ 0 & 0 & 0 & 0 & 0 \end{bmatrix}$$

$$\boldsymbol{F}_d^u = \begin{bmatrix} (m_d + m_u)e\varOmega^2\cos\varOmega t \\ (m_d + m_u)e\varOmega^2\sin\varOmega t \\ 0 \\ 0 \\ 0 \end{bmatrix}$$

将上式表示为偏心圆盘的动力学方程：

$$\boldsymbol{M}_d^u\ddot{\boldsymbol{q}}_d + (\varOmega\boldsymbol{G}_d^u + \boldsymbol{C}_d^u)\dot{\boldsymbol{q}}_d = \boldsymbol{F}_d^u \tag{4-17}$$

偏心质量处在哪个圆盘之上，就将偏心质量矩阵加到该圆盘矩阵之上，将动态不平衡质量矩阵添加到刚性圆盘之后，因为矩阵 $\boldsymbol{K}_d^u$ 与 $\varOmega\boldsymbol{G}_d^u + \boldsymbol{C}_d^u$ 是非对称矩阵和时变矩阵，即偏心圆盘矩阵是非对称时变矩阵，由耦合的定义可知，弯曲振动与扭转振动耦合到一起，需要进行解耦计算。

4.4　轴承单元

一般经过线性化的轴承可以通过四个刚度系数和四个阻尼系数来模拟，$\boldsymbol{C}_b$ 和 $\boldsymbol{K}_b$ 分别代表这两组系数，作用在轴承上的广义力可以写为[94]：

$$\boldsymbol{C}_b\dot{\boldsymbol{q}}_b + \boldsymbol{K}_b\boldsymbol{q}_b = \boldsymbol{F}_b \tag{4-18}$$

其中 $\boldsymbol{C}_b = \begin{bmatrix} C_{xx} & C_{xy} \\ C_{yx} & C_{yy} \end{bmatrix}$，$\boldsymbol{K}_b = \begin{bmatrix} K_{xx} & K_{xy} \\ K_{yx} & K_{yy} \end{bmatrix}$，$\boldsymbol{q}_b = \begin{bmatrix} x_b & y_b \end{bmatrix}^{\mathrm{T}}$。

实际上轴承单元也具有 5 个自由度，只是将 $\boldsymbol{C}_b$ 和 $\boldsymbol{K}_b$ 占据 x 和 y 自由度，轴承矩阵的其余自由度上的数值为零。本书中，将轴承简化为有一定刚度系数的弹簧。滑动轴承同时考虑刚度和阻尼，滚动轴承只考虑刚度，且无交叉刚度。

4.5　系统运动方程

文献[95,96]提供转轴单元、圆盘单元、轴承单元各矩阵组集成系统矩阵的方法，按图 4-2 对系统划分的转轴单元，从左至右以此编号，共有 n 个节点，每个节点 5 个自由度，则系统总自由度为 $5n$，总体质量矩阵、阻尼矩阵和刚度矩阵为 $5n \times 5n$ 阶的稀疏带状矩阵。以质量矩阵 $\boldsymbol{M}$ 为例，第 i 个转轴单元的两个节点编号分别为 i 和 $i+$

1,该转轴单元的质量矩阵阶数为 10×10,则总体质量矩阵 M 的第 $5i-4$ 行(列)到第 $5i+5$ 行(列)的 10×10 阶方阵是转轴单元矩阵对总体矩阵的贡献;如果转轴单元的第 j 个节点处有偏心圆盘,其质量矩阵为 5×5,则总体质量矩阵 M 的第 $5j-4$ 行(列)到第 $5j$ 行(列)的 5×5 阶方阵是偏心圆盘单元矩阵对总体矩阵的贡献;轴承单元的阶数与偏心质量单元的阶数相同,因此它们的组集方法相同;总体刚度矩阵 K 和阻尼矩阵 C 与质量矩阵的组集方法相同。将各部分的动力学方程组集在一起,可以得到系统的运动方程表达式:

$$M\ddot{q} + (\Omega G + C)\dot{q} + Kq = F \tag{4-19}$$

方程中包含了柔性转轴、刚性圆盘、轴承和不平衡质量。其中 q 是全局位移向量,M 是质量矩阵,非对称矩阵 G 是陀螺矩阵,非对称矩阵 C 和 K 分别是阻尼矩阵和刚度矩阵。F 是系统广义力向量,包括不平衡激励力和外部周期性激励力(矩)。

5 弯扭耦合共振系统的动态特性数值分析

建立了转子弯扭耦合振动的动力学模型之后，即可进行相关的动态分析，如转子轴承系统进行固有频率分析、瞬态动力学分析（包括位移响应和动应力响应）。对于这类非对称的系统矩阵的动力学方程，引入状态变量对方程进行解耦。首先引出弯扭耦合的定义，接着通过模态分析求得转速条件，再采用数值分析的方法来对转子-轴承系统进行瞬态分析。求解简单自由度模型的瞬态分析，一般采用 Runge-Kutta 方法就能够实现，而在求解多自由度系统的瞬态响应时，采取逐步积分法 Newmark-β 法，其求解效率比较高。

5.1 弯扭耦合共振

人们对质量不平衡转子、轴系的弯扭耦合共振给出了一些类似的描述，文献 [69] 对弯扭耦合的描述为：当转动圆频率 Ω 等于轴系扭振固有频率 ω_{t0} 与弯曲固有圆频率 ω_0 之和或之差时，将发生弯扭耦合共振，此时如果存在圆频率为 ω_0 的弯振，将引起圆频率为 ω_{t0} 的扭振，该扭振又将产生圆频率为 ω_0 的弯振，从而使圆频率为 ω_0 的弯振得到加强；如果存在圆频率为 ω_{t0} 的扭振，也会引起圆频率为 ω_0 的弯振，并使圆频率为 ω_{t0} 的扭振得到加强。

文献 [91] 对弯扭耦合的描述为：当转动角频率 Ω 等于轴系的扭振固有角频率 ω_s 与弯曲固有角频率 ω_n 之和或之差的绝对值，即 $|\omega_s \pm \omega_n|$ 时，如果由于某种干扰引起角频率为 ω_n 的弯曲振动或角频率为 ω_s 的扭转振动，角频率为 ω_n 的弯曲振动会激起角频率为 ω_s 的激振转矩，因而可能引起角频率为 ω_s 的扭转振动，而该扭转振动又会产生角频率为 ω_n 的激振力，因而可能使角频率为 ω_n 的弯曲振动得到加

强,我们称此时发生了弯-扭耦合共振。

角频率或圆频率 ω 的单位为 rad/s,频率的单位为 Hz,根据公式 $\omega = 2\pi f$ 转化为 Hz 的单位比较直观,当旋转频率等于弯曲固有频率与扭转固有频率之和或之差时,弯扭耦合共振的能量交换通道[89]被打开,转子处于共振状态,而共振时转轴的振幅并不一定很高,这与传递给转轴的能量有关。此时,如果受到外部激励且激励频率等于固有频率时,共振状态下的转轴振幅将会显著增大,这是弯曲共振与扭转共振相互加强的缘故。

5.2 固有频率分析

为了确定建模和计算的正确性,选择图 5-1 这一动力学分析常见的一个例子[97]为分析对象,以往对该转子-轴承系统的分析主要集中在弯曲振动,而忽略扭转振动。转轴长 1.3m,直径 0.1m,转轴被划分为 13 个单元,整体矩阵为 70×70。每个单元长度 0.1m,轴承位于节点 1 和节点 14 处,圆盘位于节点 3、节点 6 和节点 11 处。现在分析其弯曲振动和扭转振动。

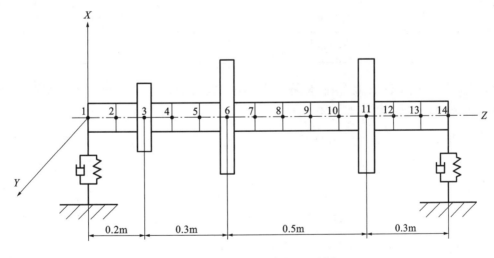

图 5-1 转子-轴承系统有限元划分

转轴的材料参数、轴承参数和圆盘的几何参数如表 5-1、表 5-2 和表 5-3 所示。

表 5-1 转轴的材料参数

参数	数值
杨氏模量	200GPa
密度	7800kg/m³
泊松比	0.3

表 5-2 轴承参数

参数	数值
K_{xx}	5×10^7 N/m
K_{yy}	7×10^7 N/m
C_{xx}	500Ns/m
C_{yy}	700Ns/m

表 5-3 圆盘的几何参数

圆盘	外径/m	内径/m	厚度/m
1	0.24	0.10	0.05
2	0.40	0.10	0.05
3	0.40	0.10	0.06

由于引入了陀螺效应和非对称的轴承参数,总体矩阵不再对称,就不能作为小阻尼来处理了,常规的模态分析方法已经不适合用来求解。QR damp 法能够适应大型的非对称系统,需要引入状态变量,也就是在状态空间中对耦合的方程进行解耦。此时,需要求微分方程(4-19)的齐次解,即不考虑系统的广义力,令 $\boldsymbol{F}(t)$ = 0 且无偏心质量,方程(4-19)变为

$$\boldsymbol{M}\ddot{\boldsymbol{q}} + (\boldsymbol{C} + \Omega\boldsymbol{G})\,\dot{\boldsymbol{q}} + \boldsymbol{K}\boldsymbol{q} = 0 \qquad (5\text{-}1)$$

引入状态变量 $\boldsymbol{V} = \begin{bmatrix} \boldsymbol{q} & \dot{\boldsymbol{q}} \end{bmatrix}^{\mathrm{T}}$,则方程(5-1)变换为一阶方程

$$\begin{bmatrix} \dot{\boldsymbol{q}} \\ \ddot{\boldsymbol{q}} \end{bmatrix} = \begin{bmatrix} \boldsymbol{0} & \boldsymbol{I} \\ -\boldsymbol{M}^{-1}\boldsymbol{K} & -\boldsymbol{M}^{-1}(\boldsymbol{C}+\Omega\boldsymbol{G}) \end{bmatrix} \begin{bmatrix} \boldsymbol{q} \\ \dot{\boldsymbol{q}} \end{bmatrix} = \boldsymbol{A}\boldsymbol{V} \qquad (5\text{-}2)$$

即 $\boldsymbol{A} = \begin{bmatrix} \boldsymbol{0} & \boldsymbol{I} \\ -\boldsymbol{M}^{-1}\boldsymbol{K} & -\boldsymbol{M}^{-1}(\boldsymbol{C}+\Omega\boldsymbol{G}) \end{bmatrix}$,其中 $\boldsymbol{0}$ 和 $\boldsymbol{I}$ 分别为零矩阵和单位矩阵,

它们的维数与整体质量矩阵一致。求解矩阵 **A** 的特征值和特征向量，就得到系统在转速 Ω 下的固有频率和对应的振型。经过 MATLAB 编程计算，求得范围为 0～30000rpm 的坎贝图如图 5-2 所示，横坐标表示转速，纵坐标表示固有频率，可以同时求得弯曲和扭转固有频率。

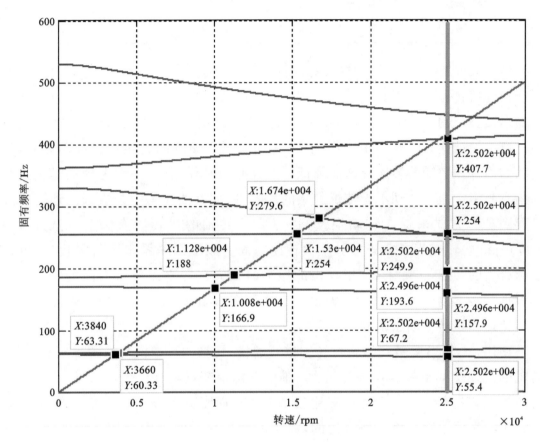

图 5-2　MATLAB 计算坎贝图

单独求得 25000rpm 时转子-轴承系统前 7 阶的固有频率如表 5-4 所示。

表 5-4　前 7 阶固有频率（25000rpm）

阶次	本书	文献	振型
F1	55.4Hz	55.41Hz	一阶反进动
F2	67.2Hz	67.20Hz	一阶正进动
F3	157.9Hz	157.9Hz	二阶反进动
F4	193.6Hz	193.6Hz	二阶正进动

续表 5-4

阶次	本书	文献	振型
F5	249.9Hz	249.9Hz	三阶反进动
F6	254.0Hz	未计算	一阶扭转
F7	407.7Hz	407.5Hz	三阶正进动

经过表 5-4 的对比可知,本书的计算结果与文献结果是一致的,而且这里同时还能得到扭转振动的固有频率。文献的模型没有考虑剪切变形,因此本书的计算更加精确。与图 5-2 对比可知,表 5-4 的数值正好对应绿色竖直线上的固有频率值。弯曲振动受到陀螺力矩的影响,正进动的固有频率随着转速提高而升高,反进动的固有频率随着转速提高而降低。在偏心激励作用下,一般考虑的是正进动的固有频率。扭转振动不受陀螺力矩的影响,因此其曲线为一条直线。通过增加悬臂圆盘的方式来提高转动惯量,可以降低转轴的扭转固有频率。选择 0～30000rpm 的转速范围只是为了显示转速与固有频率的关系来进行对比,以方便选择合适的转速,实际上,这里提出的振动时效方法并不需要这么高的转速。可以根据旋转速度与固有频率的关系——坎贝图(Campbell diagram),来确定电机旋转速度和扭转振动激励的频率。

使用 ANSYS 参数化语言对转轴进行建模,转轴的一维模型如图 5-3(a)所示,转轴的三维模型如图 5-3(b)所示。一维模型每个节点具有六个自由度,可以输出弯曲振型和扭转振型,理论基础比较成熟,目前被广泛应用。采用一维梁单元 beam188 来模拟转轴单元是合适的,该单元考虑转动惯量和剪切变形的影响,比 Euler-Bernoull 梁模型具有更高的精度。三维模型能真实反映转轴的结构,每个节点只有三个自由度,运用多点接触单元 MPC184 来添加轴承。要设置足够的转速范围,否则软件会报错提示转轴没有发生转动。

通过 ANSYS 的转子动力学分析模块,可以分别计算出其一维模型和三维模型的 Campbell 图,分别如图 5-4(a)和图 5-4(b)所示。

对比 MATLAB 和 ANSYS 的 Campbell 图可知,两者计算的结果是一致的。一维梁和三维转轴模型的误差主要表现在三维模型的单元是六面体单元,精度更高。

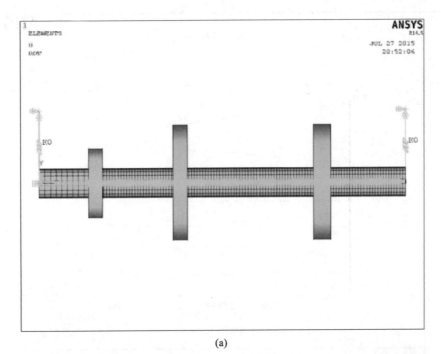

(a)

(b)

图 5-3 ANSYS 有限元模型

(a)一维模型；(b)三维模型

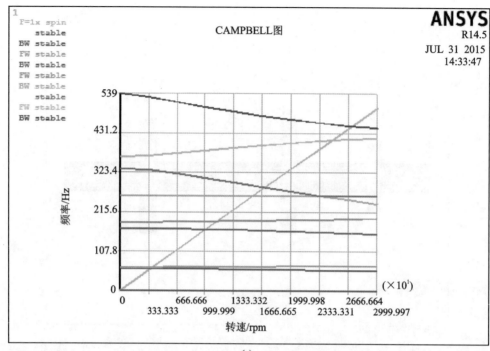

(a)

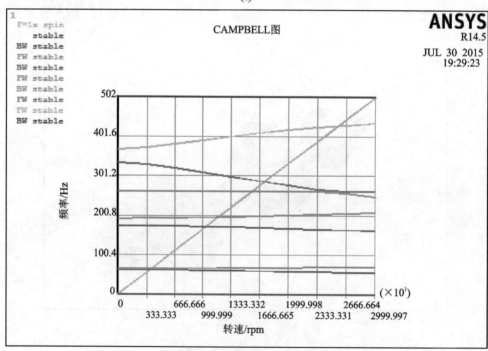

(b)

图 5-4 ANSYS 计算坎贝图

(a)一维模型；(b)三维模型

5.3 自由度缩减

对计算精度要求比较高的场合,需要将转轴的单元数划分得更大,由此带来的问题就是矩阵较为庞大,计算速度慢,大型商用有限元软件对这种问题的处理方法是进行自由度缩减,即降阶(降维)。如果不经过自由度缩减,MATLAB 计算的固有频率值有输出结果,但是 Campbell 图没有结果输出,原因是计算 Campbell 图时需要对转速范围内的转速间隔进行循环计算,占用的内存比较大。对自由度较大的转子-轴承系统,在模态分析方面很容易实现,同样采用以上模型,当划分单元数为 650×650 时,这里采用 Improved Reduced System (IRS)自由度缩减算法,经过自由度缩减后,可以正常显示 Campbell 图的结果,而且与未缩减自由度的固有频率结果是一致的,误差极小。

5.4 遗传算法的转速优化

由于陀螺力矩的存在,弯曲固有频率随着转速的增大而上升,因此单从 Campbell 图上只能手动找到合适的转速,即要求在这个转速值下,弯曲共振、扭转共振频率和旋转频率三者满足和差关系。为了避免多次计算、人工确定这组参数的关系,这里采用智能动态优化的方法——遗传优化算法来准确、高效地得到这个转速值,如图 5-5 所示。

优化条件为 $\min(||f_{t1} - f_{b2}| - f_\omega|)$,优化变量为 $200\mathrm{rpm} < \omega < 6000\mathrm{rpm}(200/60\,\mathrm{Hz} < f_\omega < 6000/60\,\mathrm{Hz})$,优化函数为 Omegaopt,根据第 5.2 节的固有频率分析来编写。其中 f_{t1}、f_{b2} 和 f_ω 分别为第一阶扭转固有频率、第二阶弯曲固有频率和旋转频率。转速范围从 200rpm 到 6000rpm。

如图 5-5 所示,转速优化结果约为 4084rpm,与手动计算得到的 4080rpm 误差很小,5.3 节的自由度降阶正好为本节的优化提供了基础。从图 5-6 的计算过程可以看出,在第 10 代之前,程序就能够找到最优子代。如果自由度大,则会造成

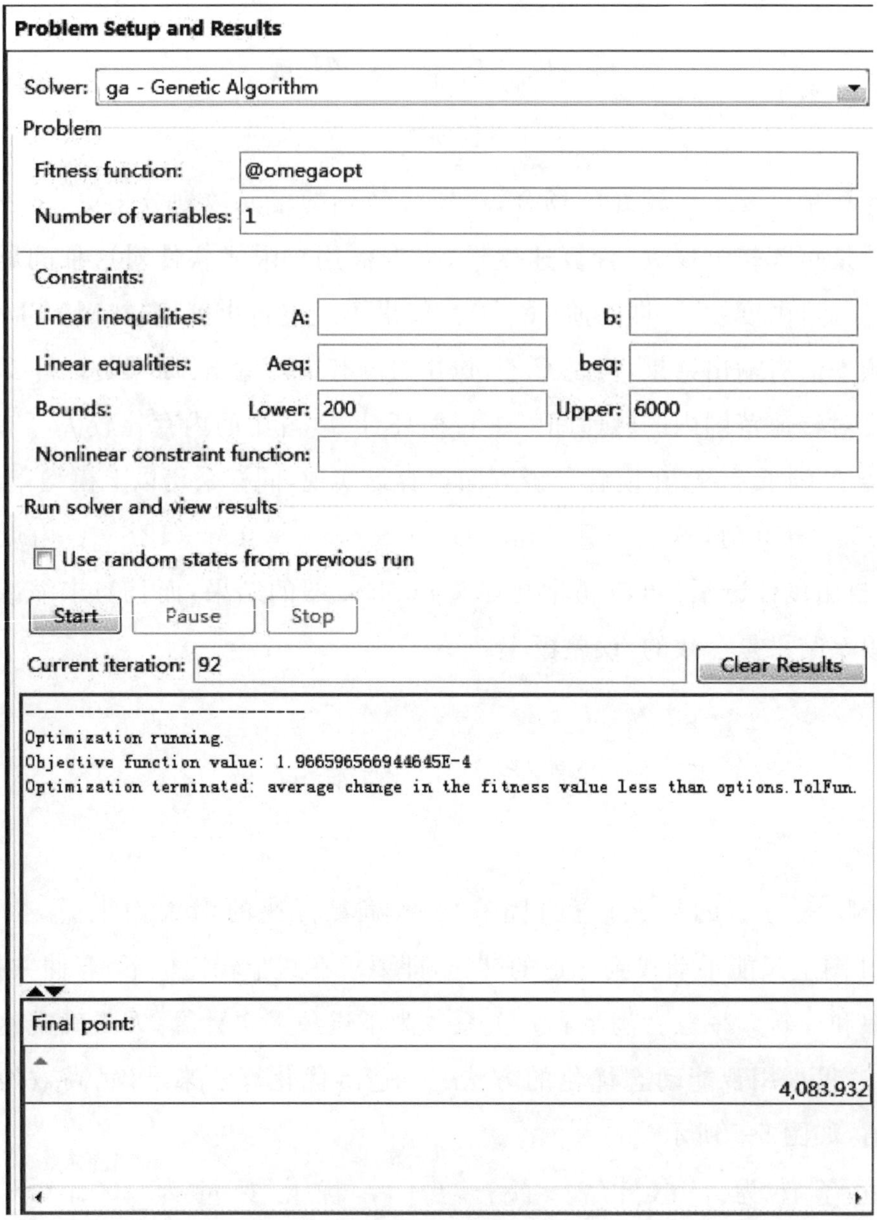

```
Problem Setup and Results

Solver: ga - Genetic Algorithm                                          ▼
Problem
  Fitness function:      @omegaopt
  Number of variables:   1

  Constraints:
  Linear inequalities:    A:  [          ]        b:  [          ]
  Linear equalities:    Aeq:  [          ]      beq:  [          ]
  Bounds:           Lower:  200            Upper:  6000
  Nonlinear constraint function:  [          ]

Run solver and view results
  ☐ Use random states from previous run

  [ Start ]  [ Pause ]  [ Stop ]
  Current iteration:  92                              [ Clear Results ]
  ------------------------------
  Optimization running.
  Objective function value: 1.966596566944645E-4
  Optimization terminated: average change in the fitness value less than options.TolFun.




  ▲▼
  Final point:
  ▲
                                                              4,083.932

  ◄                                                              ►
```

图 5-5　转速优化值

总体矩阵大、优化计算消耗的时间多,在采用 5.3 节的模型降阶方法后进行遗传优化计算的精度并没有下降,可以作为后续分析的基础。由计算的算例可知,智能优化算法在转子动力学的分析上得到了有效的应用。

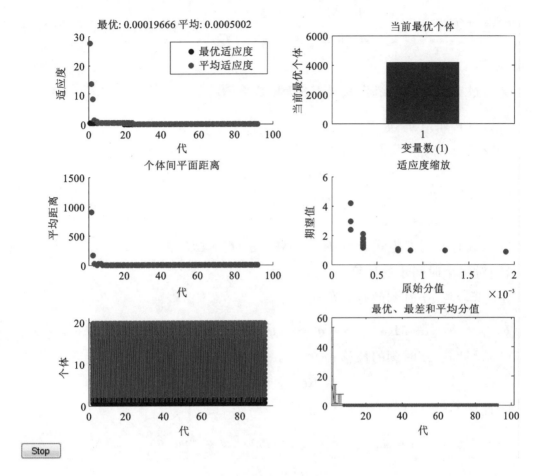

图 5-6 转速优化遗传计算过程

5.5 瞬态分析

研究弯扭耦合振动,所采用的激励形式有两种:一种是外激励力作用,另一种是外激励扭矩作用。

5.5.1 位移响应

通过 Newmark 积分方法求解弯扭耦合系统的动力响应,计算流程如下:

(1)初始计算:

①通过矩阵 $A = \begin{bmatrix} \mathbf{0} & \mathbf{I} \\ -\mathbf{M}^{-1}\mathbf{K} & -\mathbf{M}^{-1}(\mathbf{C}+\Omega\mathbf{G}) \end{bmatrix}$ 获得弯曲、扭转固有频率,并确定转速 Ω 。

②通过单元矩阵的组集获得 $\mathbf{K}$、$\mathbf{M}$ 和 $\mathbf{C}+\Omega\mathbf{G}$。

③设置初始值 $\mathbf{q}_0$、$\dot{\mathbf{q}}_0$ 和 $\ddot{\mathbf{q}}_0$。

④定义 Δt、γ、β,获得下列系数

$$\alpha_0 = \frac{1}{\gamma\Delta t^2}, \alpha_1 = \frac{\beta}{\gamma\Delta t}, \alpha_2 = \frac{1}{\gamma\Delta t}, \alpha_3 = \frac{1}{2\gamma}-1, \alpha_4 = \frac{\beta}{\gamma}-1, \alpha_5 = \frac{\Delta t}{2}\left(\frac{\beta}{\gamma}-2\right),$$

$\alpha_6 = \Delta t(1-\beta), \alpha_7 = \beta\Delta t$。

⑤形成有效刚度矩阵 $\overline{\mathbf{K}} = \mathbf{K} + \alpha_0\mathbf{M} + \alpha_1(\mathbf{C}+\Omega\mathbf{G})$。

(2)对每个时间步的计算:

①计算 $t+\Delta t$ 时刻的有效荷载:

$$\overline{\mathbf{F}}_{t+\Delta t} = \mathbf{F}_{t+\Delta t} + \mathbf{M}(\alpha_0\mathbf{q}_t + \alpha_2\dot{\mathbf{q}}_t + \alpha_3\ddot{\mathbf{q}}_t) + (\mathbf{C}+\Omega\mathbf{G})(\alpha_1\mathbf{q}_t + \alpha_4\dot{\mathbf{q}}_t + \alpha_5\ddot{\mathbf{q}}_t)$$

②求解 $t+\Delta t$ 时刻的位移:

$$\overline{\mathbf{K}}\mathbf{q}_{t+\Delta t} = \overline{\mathbf{F}}_{t+\Delta t}$$

③计算 $t+\Delta t$ 时刻的速度和加速度:

$$\ddot{\mathbf{q}}_{t+\Delta t} = \alpha_0(\mathbf{q}_{t+\Delta t} - \mathbf{q}_t) - \alpha_2\dot{\mathbf{q}}_t - \alpha_3\ddot{\mathbf{q}}_t$$

$$\dot{\mathbf{q}}_{t+\Delta t} = \dot{\mathbf{q}}_t + \alpha_6\ddot{\mathbf{q}}_t + \alpha_7\ddot{\mathbf{q}}_{t+\Delta t}$$

(3)重复步骤(2)计算下一个时间步,直到输出位移。

5.5.2 动应力响应

可以通过梁单元的位移和应变的几何关系求得应变,再通过应变和应力的关系(胡克定律)来获得应变。用节点位移代表单元之中任何一点的位移表达方程,即位移插值函数

$$\mathbf{f}^e = \mathbf{N}\boldsymbol{\delta}^e \tag{5-3}$$

其中,$\mathbf{f}^e$ 为单元内任意一点的位移列阵,$\boldsymbol{\delta}^e$ 为单元的节点位移列阵,$\mathbf{N}$ 为 Timoshenko 梁-轴单元的型函数矩阵,这在求解式(4-10)时已经用到。利用型函数,由表达方程 $\mathbf{f}^e = \mathbf{N}\boldsymbol{\delta}^e$ 获得依赖节点位移来表达单元应变的关系式

$$\boldsymbol{\varepsilon}^e = \mathbf{B}\boldsymbol{\delta}^e \tag{5-4}$$

其中,$\boldsymbol{\varepsilon}^e$ 是单元之中任何一点的应变列阵,$\boldsymbol{B}$ 为应变矩阵。

应用本构方程,由应变的表达式 $\boldsymbol{\varepsilon}^e = \boldsymbol{B\delta}^e$ 获得依赖节点位移表达单元应力的表达式

$$\boldsymbol{\sigma} = \boldsymbol{DB\delta}^e = \boldsymbol{S\delta}^e \tag{5-5}$$

其中,$\boldsymbol{\sigma}$ 是单元之中任何一点的应力列阵,$\boldsymbol{D}$ 是和材料有关的弹性矩阵,$\boldsymbol{S} = \boldsymbol{DB}$ 为应力矩阵。

5.6 算 例 分 析

下面以图 5-1 的转轴为计算模型,用两个非共振情况和两个共振情况的瞬态动力学分析来说明哪种情况适合用来进行振动时效。各种情况下的扭矩幅值均为 36Nm,偏心距相同:$m_u = 0.20\text{kg}, e = 0.01\text{m}$。

(1)非共振情况

对于非共振情况,施加任意的扭转振动激励频率和旋转频率。

非共振情况 1 参数:$f_{t1} = 70\text{Hz}, f_{r1} = 80\text{Hz}$;情况 2 参数:$f_{t2} = 80\text{Hz}, f_{r2} = 75\text{Hz}$。使用 Newmark-$\beta$ 计算得到转轴上点 8 处的弯曲振动响应、扭转振动响应和轴心轨迹,如图 5-7、图 5-8 和图 5-9 所示。

对于非共振情况 1,图 5-7(a)中的 $80 + 70 = 150\text{Hz}$ 和 $80 - 70 \approx 9.99\text{Hz}$ 是产生的耦合弯曲振动响应频率;对于非共振情况 2,图 5-7(b)中的 $75 + 80 = 155\text{Hz}$ 和 $80 - 75 \approx 4.99\text{Hz}$ 是产生的耦合弯曲振动响应频率。这些频率的出现说明旋转频率、弯曲振动频率和扭转振动频率之间具有和差关系,弯扭耦合振动已经被激发。图 5-9 中的轴心轨迹表示转轴上节点 8 随时间变化走过的路线。耦合频率的出现是弯扭耦合振动的一个特有现象。

(2)共振情况

对于共振情况,扭转振动激励的频率将等于第一阶扭转固有频率 254.0Hz。

情况 1:$f'_{t1} = 254.0\text{Hz}, f'_{r1} = 4090/60 \approx 68.17\text{Hz}$;情况 2:$f'_{t2} = 254.0\text{Hz}, f'_{r2} = 11364/60 = 189.4\text{Hz}$。

对于共振情况 1,由图 5-2 可以看出,转速为 4090rpm 的第二阶弯曲固有频率为 185.83Hz,第一阶扭转固有频率为 254.0Hz,此时它们的振型如图 5-10 所示,将两个数值的差值 $254.0 - 185.83 = 68.17\text{Hz}$ 设定为转轴的旋转频率。周期性变化扭矩的频率是 254.0Hz,等于第一阶扭转固有频率。

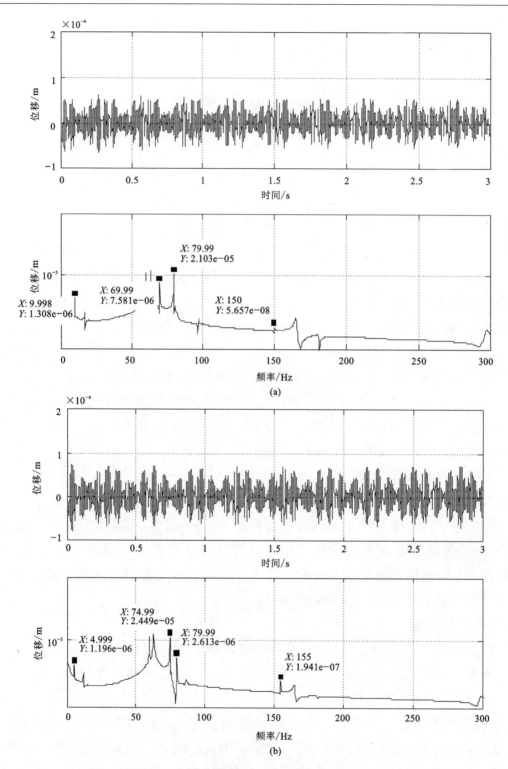

图 5-7　非共振情况弯曲振动的时域响应和频域响应

(a)情况 1;(b)情况 2

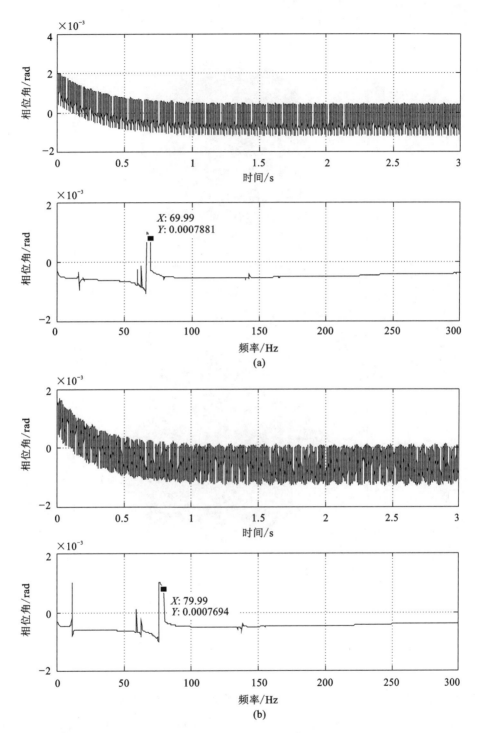

图 5-8　非共振情况扭转振动的时域响应和频域响应

(a)情况 1；(b)情况 2

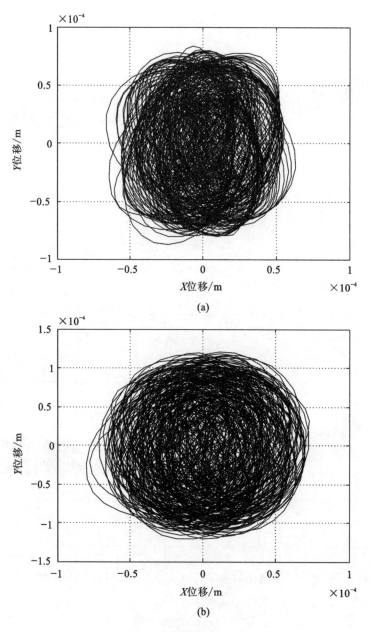

图 5-9　非共振情况轴心轨迹

(a)情况 1;(b)情况 2

　　对于共振情况 2,从图 5-2 可以看出,转速为 11364rpm 之下的第一阶弯曲固有频率为 64.6Hz,第一阶扭转固有频率为 254.0Hz,此时它们的振型如图 5-11 所示,将两个数值的差值 254.0-64.6=189.4Hz 设定为转轴的旋转频率。周期性变化扭矩的频率是 254.0Hz,等于第一阶扭转固有频率。

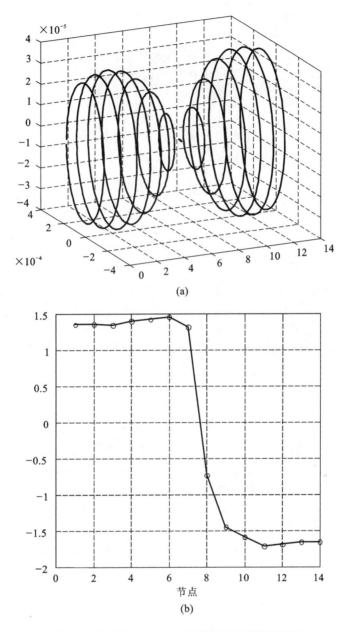

图 5-10 转速为 4090rpm 下的弯曲和扭转振型图

(a)弯曲振型图;(b)扭转振型图

使用 Newmark-β 法计算得到转轴上点 8 处 X 方向的弯曲振动响应、扭转振动响应和轴心轨迹,如图 5-12、图 5-13 和图 5-14 所示。

图 5-12(a)中的 $f'_{t1} + f'_{r1} = 322.17\text{Hz}$ 不在显示范围内,$f'_{t1} - f'_{r1} = 185.83 \approx 186\text{Hz}$ 是产生的耦合弯曲振动响应频率,产生的 $68.32 \approx 68.17\text{Hz}$ 是同步弯曲振

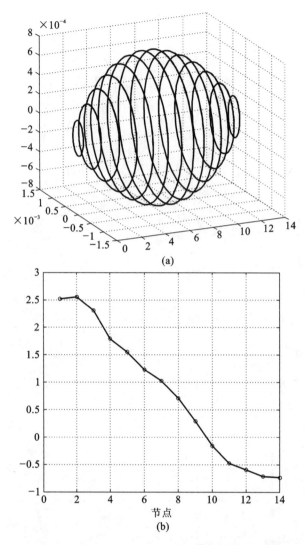

图 5-11　转速为 11364rpm 下的弯曲和扭转振型图

(a)弯曲振型图；(b)扭转振型图

动响应频率；图 5-12(b)中的 $f'_{t2}+f'_{r2}=443.4\text{Hz}$ 不在显示范围内，$f'_{t2}-f'_{r2}=64.6\approx$ 64.32Hz 是产生的耦合弯曲振动频率，产生的 189.3≈189.4Hz 是同步弯曲振动响应频率。

　　这些频率的出现说明弯扭耦合共振已经被激发。现可以观察到弯扭耦合现象：

　　在同步激励的情况下，4090rpm 的转速会产生频率为 4090/60＝68.17Hz 的同步弯曲振动，而不会产生频率为 186Hz 的弯曲振动。但是由于弯扭耦合，图 5-12(a)中的 186Hz 是在 4090rpm 下由非同步的扭振激励产生的耦合弯曲振动频率，将激起第二阶弯曲共振。在图 5-13(a)中，产生的扭转振动频率 254.0Hz

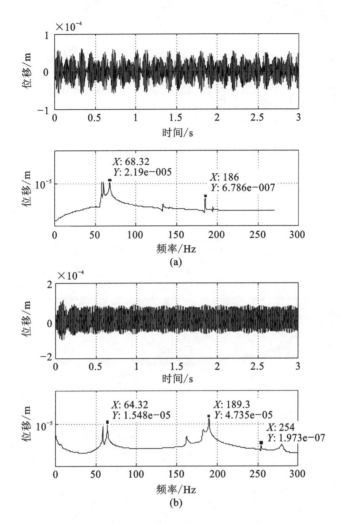

图 5-12 共振情况弯曲振动的时域响应和频域响应

(a)情况 1;(b)情况 2

将激起第一阶扭转共振。

在同步激励的情况下,11364rpm 的转速会产生频率为 $11364/60 = 198.4$Hz 的同步弯曲振动,而不会产生频率为 64.32Hz 的弯曲振动。但是由于弯扭耦合, 图 5-12(b)中的 64.32Hz 是 11364rpm 下由非同步的扭振激励产生的耦合弯曲振动频率,将激起第一阶弯曲共振。在图 5-13(b)中,产生的扭转振动频率 254.0Hz 将激起第一阶扭转共振。

弯曲共振和扭转共振相互加强,这种现象就是弯扭耦合共振。拍振的现象很明显,也是弯扭耦合共振被激发的一个现象。

比较轴心轨迹图 5-9 和图 5-14 可知,共振情况 1 的振动幅度是最大的,同时

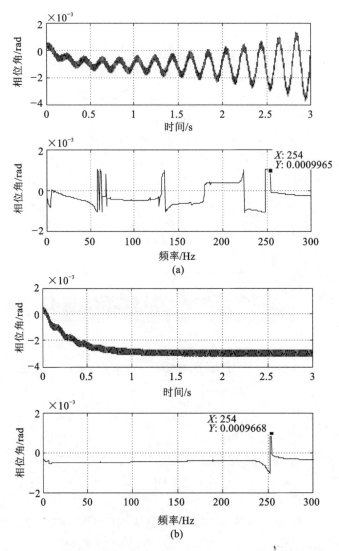

图 5-13　共振情况扭转振动的时域响应和频域响应

(a)情况 1；(b)情况 2

由于轴承两个方向的刚度不同,轴心轨迹是椭圆形的,如图 5-14 所示,可知共振情况 1 的振动比较稳定,因此共振情况 1 更适合用来进行振动时效。通过改变偏心质量和偏心距离,根据转轴结构不同选择不同的电机功率,直到产生足够的动应力。由于偏心质量的存在,使弯曲振动和扭转振动发生耦合,扭转共振会引起与旋转速度不同步的弯曲共振,意味着可以不用很高的转速,在扭转共振下就可以产生弯曲共振,该分析结果有助于确定转轴振动时效的参数和设计相关的设备。

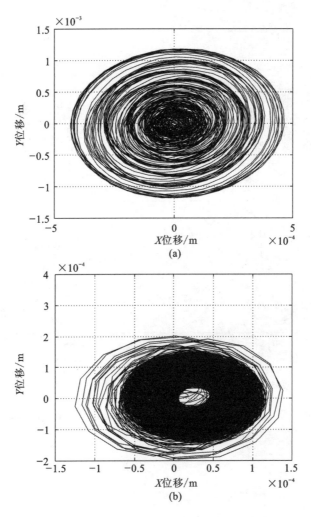

图 5-14　共振情况轴心轨迹

(a)情况 1;(b)情况 2

在没有扭转振动激励的情况下,可以采用横向振动激励。同一个模型中,旋转频率为扭转固有频率与弯曲固有频率之差 68.17Hz。在节点 4 施加竖直方向的横向激励,激振力为 36N,频率为 185.9Hz,求得弯曲振动响应和扭转振动响应分别为图 5-15 和图 5-16 所示。

以类似扭转振动激励下的分析方法,分析横向激励下的弯扭耦合共振,由图 5-15可知,同步偏心激励响应 68.32≈68.17Hz、横向激励响应 186≈185.9Hz,由图 5-16 可知,同步偏心激励响应和横向激励产生的耦合扭转共振频率 253.9≈254Hz,约等于第一扭转固有频率,都说明弯扭耦合共振已经产生。偏心矩越大,横向激励力越大,产生的耦合扭转共振越大。

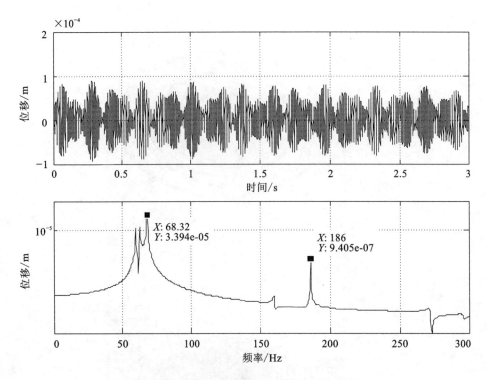

图 5-15　横向激励下弯曲振动的时域响应和频域响应

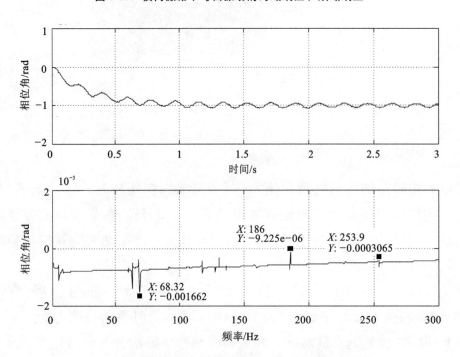

图 5-16　横向激励下扭转振动的时域响应和频域响应

5.7 稳定性分析

弯扭耦合共振系统的动力学方程中含有时变系数,因而该系统动力学问题也属于参数振动的范畴。参数振动是一种特殊的振动形态,它的数学模型不一定是非线性微分方程,也可能是线性的,但系数是时间的周期函数,而不是常数,因此不包含于线性振动理论的研究范畴,也将其视为非线性的组成部分[49,58]。虽然参数激励系统不包含自由度的强非线性项,但由于系统中引入了无穷维时间项,人们常将参数激励系统归类于非线性系统加以分析和研究。

式(4-19)可以写为 $M(t)\ddot{q}+(\Omega G+C(t))\dot{q}+K(t)q=F(t)$,通过引入状态变量,进而可以写为 $V=\begin{bmatrix} q & \dot{q} \end{bmatrix}^{\mathrm{T}}$ 和 $\dot{V}=\begin{bmatrix} \dot{q} & \ddot{q} \end{bmatrix}^{\mathrm{T}}$,方程可写为 $\dot{V}=P(t)V+f(t)$,其中系数 $P(t)=\begin{bmatrix} 0 & I \\ -M(t)^{-1}K(t) & -M(t)^{-1}(C(t)+\Omega G) \end{bmatrix}$, $f(t)=\begin{bmatrix} 0 \\ M(t)^{-1}F(t) \end{bmatrix}$,其中 0 和 I 分别为零矩阵和单位矩阵,它们的维数与整体质量矩阵一致。

5.6 节根据共振条件,在共振转速之下用 Newmark 法求得弯扭耦合位移响应和动应力响应,分析了转轴弯扭耦合共振特性。现在,当转轴从零转速上升到耦合共振转速的过程中,通过 Floquet 稳定性理论对参数激励系统进行稳定性分析。

偏心质量随转轴一起旋转,造成偏心激励,同时,转轴承受到外部交变力矩作用,因此有必要对其进行稳定性分析。对于参数激励系统,可以通过 Floquet 理论来求解。周期解的稳定性分析的关键是求解状态转移矩阵 M_0。一般求得 M_0 的方法主要有谐波平衡法、打靶法等,另外,数值积分方法如 Newmark 法、Runge-Kutta 法也可以实现。由于本书模型为多自由度系统,Runge-Kutta 法精度低且较为耗时,故本节采用 Newmark 积分方法对方程 $\dot{V}=P(t)V+f(t)$ 进行积分。计算流程图如图 5-17 所示。

转轴具有 70 个自由度,因此系统整体矩阵的维数为 70×70,状态矩阵的维数与系统整体矩阵的维数相同。设初始位移矩阵 U_a 为 70×70 整体矩阵的单位矩阵,依次求解 M_0 的 1 到 70 列,每次迭代的初始值取单位矩阵 U_a 的一列。周期 $T=2\pi/\omega$,ω 为转轴旋转角速度,数值为弯曲固有角频率与扭转固有角频率的差值。时间步长取 $T/512$,每个旋转频率下,对 0 到 T 一个周期进行积分,T 时刻结

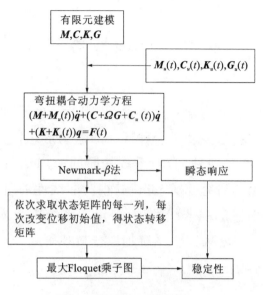

图 5-17　稳定性计算流程图

束时的响应矩阵就是所求的状态转移矩阵,求解其特征值最大值即为该转速下的
Floquet 乘子,并由 Floquet 稳定性准则判定振动的稳定性。

旋转频率的计算范围为 $0 \sim 80\text{Hz}$,由以上分析求得 Floquet 乘子如图 5-18
所示。

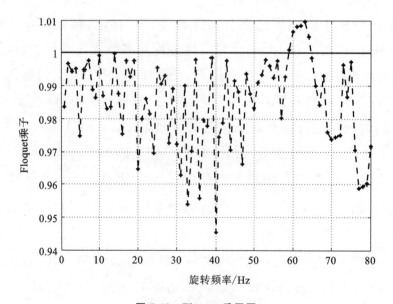

图 5-18　Floquet 乘子图

由图 5-18 可以看出,在 59Hz 到 64Hz 的旋转频率范围内,Floquet 乘子大于
1,说明该范围内转轴受到的周期性扭矩激励的振动是不稳定的,其余的旋转频率

下的振动是稳定的。现在采用的旋转频率为 68Hz,该旋转频率下的 Floquet 乘子小于 1,因此在这个转速下进行激振是稳定的。

由 Newmark 法求得 0~80Hz 旋转频率范围内每隔 1Hz 的轴心周期轨迹图和 Poincaré 截面图,分别如图 5-19 和图 5-20 所示。

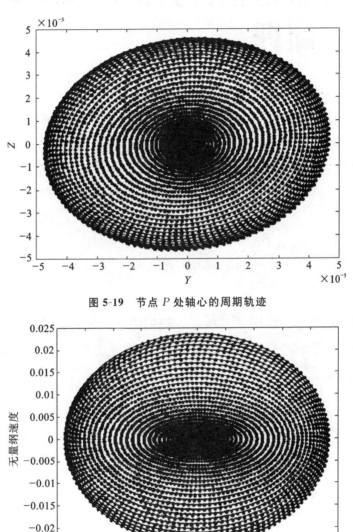

图 5-19　节点 P 处轴心的周期轨迹

图 5-20　Poincaré 截面

由图 5-19 和图 5-20 可知,每个旋转频率下的轴心周期轨迹和 Poincaré 截面都是封闭的椭圆环,根据稳定性理论可知,转轴在大多数旋转频率下的振动是周期稳定的。

6 弯扭耦合共振消减残余应力机理

传统的振动时效机理是采用 Von Mises 弹塑性屈服准则，适合单向拉压的场合。弯扭耦合共振会产生弯曲和扭转复合的应力状态，这种应力状态是复杂应力状态，不同于单向拉压、单向剪切的情况，为了拓展振动时效的应用范围，这里采用统一强度理论来研究复杂应力状态下振动时效的机理。

6.1 传统振动时效方法

传统的振动时效方法如图 6-1 所示，将转轴两端通过夹具固定在支座上，如果有足够的空间来放置偏心电机，则直接将电机通过夹具固定在转轴上进行激振，使转轴产生弯曲振动。

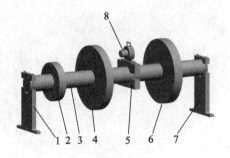

图 6-1 传统振动时效方法

1,7—支座；2,4,6—圆盘；3—转轴；5—夹具；8—激振器

对图 6-1 转轴进行有限元划分，如图 6-2 所示。转轴、轴承、圆盘的具体参数见表 5-1、表 5-2 和表 5-3。

将节点 1 和节点 14 处的轴承支撑替换为刚性支撑，对传统夹持式振动时效进行模态分析，第一阶弯曲固有频率为 177.9Hz，第二阶弯曲固有频率为

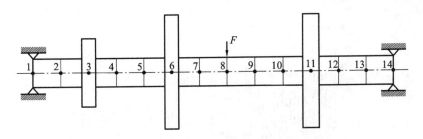

图 6-2 传统振动时效方法有限元模型

455.2Hz。对比表 5-4 可知,转轴两端受到刚性固定后的固有频率增大很多,第二阶弯曲固有频率已经超过 200Hz,如果必须采用这一阶振型来进行振动时效,则采用传统方法时将很难产生共振,振动时产生的弹性变形非常小,无法产生足够的动应力。在节点 8 施加频率为第一阶弯曲固有频率(177.9Hz)、大小为 1000N 的横向激励,计算得到节点 9 的位移响应和应力响应分别如图 6-3 和图 6-4 所示。

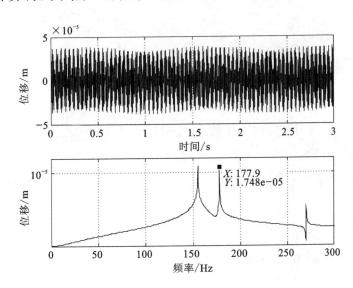

图 6-3 传统振动时效方法位移响应

尽管在固有频率处对转轴进行激励使它产生共振,但产生的动应力很小,仅为 8MPa,而且全部由弯曲振动产生,要达到振动时效的要求,需要进一步提高激振力。

转子类零件如轧钢机轧辊、甘蔗压榨机榨辊等高刚度零件在制造过程中都有可能产生残余应力,而这类径长比较大的工件,其弯曲固有频率高,超出了常用的偏心激振器的激励频率范围,很难通过传统的振动时效方法来消除其残余应力。回转体的工件非常适合采用弯扭耦合的振动台来实现共振消除残余应力的目的。

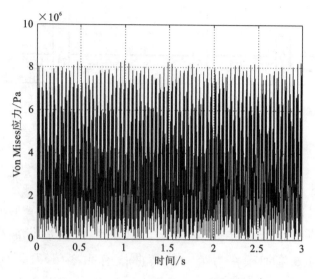

图 6-4　传统振动时效方法动应力

6.2　弯扭耦合共振消除残余应力的参数条件

转速条件:转速等于弯曲固有频率与扭转固有频率之和或之差,本书取差值的绝对值,转速由电机控制。可以调整轴承的支撑位置、圆盘的几何尺寸和个数来改变弯曲固有频率和扭转固有频率的差值,尽量用差值较小的频率数值来作为旋转频率。

激励条件:同步激励由偏心质量提供,转速条件使得转轴处于弯扭耦合共振状态,而施加激励频率等于固有频率的非同步激励(横向的激振力、轴向的扭振激励)使得弯曲共振与扭转共振相互加强。

6.3　弯曲和扭转复杂应力状态

分析单元体在弯扭耦合共振状态下的应力状态,微元轴段弯扭耦合振动受力情况如图 6-5 所示,微元轴段旋转中心线与 OX 轴重合,O' 为微元轴段的重心,O 为微元轴段截面的剪切中心。Y'、Z' 为过 O' 的坐标轴;F_Y、F_Z 为截面上由偏心质量产生的剪应力,M_Y、M_Z 为绕截面两个惯性主轴的弯矩,M_X 为绕截面剪切中心的扭矩,u、v为微元轴段剪切中心沿Y、Z轴方向的位移,θ为微元轴段截面的扭转角。

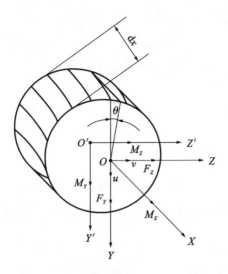

图 6-5 微元轴段弯扭耦合振动受力模型

根据切应力互等定理,截面上的应力分布如图 6-6 所示。

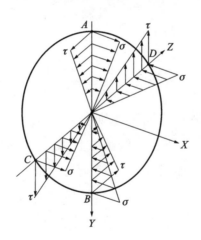

图 6-6 微元轴段截面应力分布图

取截面上所受应力最大点 A、B、C、D 点进行分析(图 6-7),空间应力状态分别为:

由于同时承受弯曲和扭转载荷的作用,材料的变形使得各点上的受力情况处于复杂应力状态,且三个主应力均不为零,而是处于多轴应力状态,各主应力的大小及各主应力之间的夹角都在变化。在振动的情况下,转轴受到周期性变化的激振扭矩,因此剪切应力的方向随着激振频率变化。Y、Z方向的弯矩随着旋转频率变化,因此各点的应力分布中,正应力的方向也是循环变化的。转轴上各点旋转到 A、B、C、D 处,它的应力分布就按照以上分析的情况循环往复变化,即每转动一

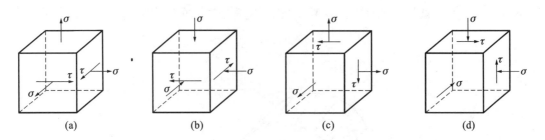

图 6-7　微元轴段截面应力状态

(a)A 点;(b)B 点;(c)C 点;(d)D 点

周轴的外表面各受拉压应力一次,并受到周期性变化的剪切应力。在本章 6.7 节的算例中将计算得到三个主应力均不为零,由此可见,弯扭耦合振动时,材料各点处于复杂的应力状态。

6.4　统一强度理论

6.4.1　双剪单元体

俞茂宏教授提出的双剪应力屈服准则和双剪统一强度理论[98],已经得到了较多应用,这里将其引入到弯扭耦合共振消减残余应力的机理研究中。俞茂宏认为任何一个复杂应力状态都可能转化为双剪应力状态,通过变换单元体的形状可以得到双剪切单元体。双剪应力屈服准则能够较好地反映中间主应力的影响,考虑中间主应力对消减残余应力的作用,将单向拉压的振动时效机理扩展为弯扭耦合共振消减残余应力的机理。

一般应力状态存在三个主剪应力 τ_{13}、τ_{12}、τ_{23},由于最大主剪应力的数值恒等于另外两个主剪应力的和,即 $\tau_{13} = \tau_{12} + \tau_{23}$,因此三个主剪应力中只有两个独立量,由此产生了双剪单元体和双剪理论。正交八面单元体如图 6-8(a)、图 6-8(b)所示,菱形十二面体如图 6-8(c)所示,他们都是统一强度理论中的双剪应力模型。

双剪应力屈服准则认为,当两个较大的主剪切应力的绝对值之和达到某一极限值 C 时,材料开始屈服。双剪应力屈服准则能够较好地反映中间主应力的影响,当材料开始屈服时,屈服准则的表达式如下[98]:

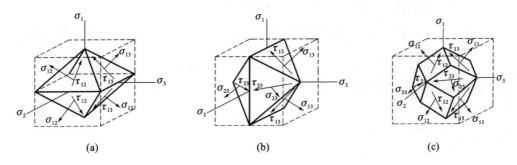

图 6-8　双剪单元体

$$|\tau_{13}| + |\tau_{12}| = \sigma_1 - (\sigma_2 + \sigma_3)/2 = \sigma_s,\ 当\ |\tau_{12}| > |\tau_{23}| \qquad (6\text{-}1)$$

$$|\tau_{13}| + |\tau_{23}| = (\sigma_1 + \sigma_2)/2 - \sigma_3 = \sigma_s,\ 当\ |\tau_{12}| < |\tau_{23}| \qquad (6\text{-}2)$$

6.4.2　双剪应力

对于 Timoshenko 梁-轴单元,得到某单元两端节点的位移响应之后,通过单元型函数和本构关系就得到该单元上某截面上特定节点的应力,包括两个横向正应力、一个轴向正应力和一个轴向扭转切应力。点的应力状态可以用一个 3×3 的应力矩阵来表示:

$$\boldsymbol{\sigma}_{ij} = \begin{bmatrix} \sigma_X & \tau_{XY} & \tau_{XZ} \\ \tau_{YX} & \sigma_Y & \tau_{YZ} \\ \tau_{ZX} & \tau_{ZY} & \sigma_Z \end{bmatrix} \qquad (6\text{-}3)$$

该应力矩阵的特征方程为:

$$\boldsymbol{\sigma}^3 - I_1 \boldsymbol{\sigma}^2 + I_2 \boldsymbol{\sigma} - I_3 = 0 \qquad (6\text{-}4)$$

其中

$$I_1 = \sigma_X + \sigma_Y + \sigma_Z$$

$$I_2 = \sigma_X\sigma_Y + \sigma_Y\sigma_Z + \sigma_Z\sigma_X - \tau_{XY}^2 - \tau_{YZ}^2 - \tau_{ZX}^2$$

$$I_3 = \sigma_X\sigma_Y\sigma_Z + 2\tau_{XY}\tau_{YZ}\tau_{ZX} - \sigma_X\tau_{YZ}^2 - \sigma_Y\tau_{ZX}^2 - \sigma_Z\tau_{XY}^2$$

特征方程的特征值为三个主应力 σ_1、σ_2 和 σ_3,特征值对应的特征向量为主应力的方向。该点的三个主剪切应力:

$$\tau_{13} = (\sigma_1 - \sigma_3)/2$$

$$\tau_{12} = (\sigma_1 - \sigma_2)/2$$

$$\tau_{23} = (\sigma_2 - \sigma_3)/2$$

对于受力物体,影响较大的是两个较大的主剪切应力,即第一主剪切应力和第二主剪切应力。求得某点处的两个较大主剪切应力之和,作为研究弯扭耦合共振式振动时效的动应力。

体心立方晶格多晶体金属有明显的屈服点,金属材料统一屈服准则为构建精确的本构模型创造了条件,为复杂应力状态下金属的屈服、残余应力的释放提供了有利的理论依据。

6.5　弯扭耦合共振式振动时效机理

根据 Wozney 提出的振动时效条件,当残余应力和外加应力的方向相同时,单向拉压的振动时效机理的表达式为[2]:

$$\sigma_d + \sigma_r > \sigma_s \qquad (6\text{-}5)$$

其中 σ_d 为动应力的大小,σ_r 为残余应力的大小,σ_s 为材料的屈服极限。对于弯扭耦合共振式振动时效,需要考虑中间主应力的影响。通过以上的分析,将两个较大的剪切应力与残余应力进行叠加,如果超过材料的屈服极限,将产生局部塑性变形,残余应力就得到消除。由双剪统一强度理论的屈服准则式(6-1)和式(6-2),可以得到弯扭耦合共振式振动时效的条件:

$$\sigma_{\text{twin}} + \boldsymbol{\sigma}_r = |\tau_{13}| + |\tau_{12}| + \boldsymbol{\sigma}_r = [\sigma_1 - (\sigma_2 + \sigma_3)/2] + \boldsymbol{\sigma}_r > \sigma_s, |\tau_{12}| > |\tau_{23}|$$
$$(6\text{-}6)$$

$$\sigma'_{\text{twin}} + \boldsymbol{\sigma}_r = |\tau_{13}| + |\tau_{23}| + \boldsymbol{\sigma}_r = [(\sigma_1 + \sigma_2)/2 - \sigma_3] + \boldsymbol{\sigma}_r > \sigma_s, |\tau_{12}| < |\tau_{23}|$$
$$(6\text{-}7)$$

其中 σ_{twin} 或 σ'_{twin} 代表双剪应力,包括单元体上两个较大剪应力。只要它们之和与残余应力的叠加数值超过材料的屈服极限,材料内部就会产生局部塑性变形。值得注意的是,残余应力是矢量,需要考虑它们的方向。

双剪应力准则的缺点是它没有考虑双剪单元体上正应力的影响,因此只适用于拉压强度相等的材料。然而,对于具有 SD 效应(拉压强度不相等)的材料如高强度钢,同时考虑中间主应力和拉压强度不等影响的材料屈服准则为[98]:

$$\tau_{13} + b\tau_{12} + \beta(\sigma_{13} + b\sigma_{12}) = C, \text{当} (\tau_{12} + \beta\sigma_{12}) \geqslant (\tau_{23} + \beta\sigma_{23}) \qquad (6\text{-}8)$$

$$\tau_{13} + b\tau_{23} + \beta(\sigma_{13} + b\sigma_{23}) = C, \text{当} (\tau_{12} + \beta\sigma_{12}) \leqslant (\tau_{23} + \beta\sigma_{23}) \qquad (6\text{-}9)$$

其中 σ_{13}、σ_{12} 和 σ_{23} 为三个主剪应力对应的正应力,可以表达为 $\sigma_{13} = (\sigma_1 + $

$\sigma_3)/2,\sigma_{12}=(\sigma_1+\sigma_2)/2$ 和 $\sigma_{23}=(\sigma_2+\sigma_3)/2$。$b$ 是屈服准则的选择参数。$C=\dfrac{2\sigma_{ts}}{1+\alpha}$，$\sigma_{ts}$ 和 σ_{cs} 分别是拉、压强度极限，可以直接由三向应力试验确定。$\beta=\dfrac{\sigma_{cs}-\sigma_{ts}}{\sigma_{cs}+\sigma_{ts}}=\dfrac{1-\alpha}{1+\alpha}$，$\alpha$ 是剪切强度和拉伸强度的比值，即 $\alpha=\sigma_{ts}/\sigma_{cs}$。当 $\alpha=1$ 且 $b=1$ 时，统一强度理论退化为式(6-1) 和式(6-2)表达的双剪屈服准则。将两个较大的主剪切应力相应的正应力函数带入到屈服准则(6-8)和(6-9)，得到弯扭耦合共振式振动时效的条件表达为：

$$\left[\tau_{13}+b\tau_{12}+\beta(\sigma_{13}+\sigma_{12})\right]+\boldsymbol{\sigma}_r>\frac{2\sigma_{ts}}{1+\alpha}，当\ \tau_{12}+\beta\sigma_{12}\geqslant\tau_{23}+\beta\sigma_{23} \quad (6\text{-}10)$$

$$\left[\tau_{13}+b\tau_{23}+\beta(\sigma_{13}+\sigma_{23})\right]+\boldsymbol{\sigma}_r>\frac{2\sigma_{ts}}{1+\alpha}，当\ \tau_{12}+\beta\sigma_{12}\leqslant\tau_{23}+\beta\sigma_{23} \quad (6\text{-}11)$$

针对拉、压性能不同的材料，需要考虑一些系数，特别是对于金属材料，需通过三向实验来确定这些系数。

应力的分量是应力矢量在坐标轴上的投影，确定了应力分量，就能够确定一点的应力矢量。分析中，残余应力和动应力可为任意方向，但两者方向不同。残余应力的分解如图 6-9 所示。

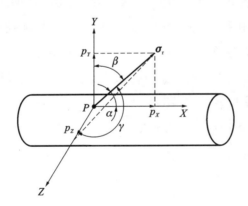

图 6-9 残余应力分解

残余应力矢量 $\boldsymbol{\sigma}_r$ 与 X、Y、Z 轴的夹角分别为 α、β 和 γ，余弦分别为 $l=\cos\alpha$，$m=\cos\beta$ 和 $n=\cos\gamma$。P 点处的拉残余应力 $\boldsymbol{\sigma}_r$ 可以分解为在 X 轴的应力分量 p_X，在 Y 轴的应力分量 p_Y，在 Z 轴的应力分量 p_Z：

$$p_X=\sigma_X^r l+\tau_{XY}^r m+\tau_{XZ}^r n$$

$$p_Y=\tau_{YX}^r l+\sigma_Y^r m+\tau_{YZ}^r n$$

$$p_Z = \tau'_{ZX}l + \tau'_{ZY}m + \sigma'_Z n$$

σ'_X、σ'_Y、σ'_Z 为正残余应力，$\tau'_{XY} = \tau'_{YX}$、$\tau'_{XZ} = \tau'_{ZX}$、$\tau'_{YZ} = \tau'_{ZY}$ 为切残余应力。σ_r 大小与 σ_r 在三个坐标轴的应力分量的关系为 $\sigma_r^2 = p_X^2 + p_Y^2 + p_Z^2$，由三个残余应力分量就可以得到 P 点处的残余应力大小。

单向拉压和纯剪切应力状态是复杂应力状态的特例，因此，基于双剪统一强度理论的振动时效机理也适用于传统振动时效方法，是对传统振动时效机理的扩展。金属在附加弯、扭应力场的作用下，内部缺陷从高能态向低能态转移，随着时间的推移逐渐达到平衡。

6.6　算　例[99]

以图 4-2 所示的转轴系统有限元模型为例，假设在 P、Q 两处存在残余应力，下面通过算例来说明第 6.5 节所推导的弯扭耦合共振式振动时效机理。

假设材料的屈服极限和某点处的残余应力为已知量，从两个较大的主剪应力与残余应力的叠加值是否超过材料的屈服极限，就可以判断出残余应力是否得到消减。设置转轴旋转频率为 68.17Hz，在节点 1 施加周期性变化的扭矩，根据电机的额定功率 P(kW) 和额定转速 n(rpm) 可以计算额定扭矩为 $T = 9550P/n = 36$N·m，扭转振动激励频率为 254Hz。由于旋转频率等于扭振激励频率与弯曲固有频率之差，对比传统的方法，转轴在较低的转速下就可以产生共振。通过轴向预紧力来防止转轴发生轴向的移动，施加 200N 的轴向预紧力。由于转轴处于空间变形状态，轴向也将产生应力，对应于位移向量，将前面推导的有限元方程扩展为每个节点 6 个自由度，在单元矩阵的第 1 行前、第 6 行前、第 1 列前、第 6 列前加上轴向位移自由度。需要指出的是，动态偏心单元、轴承单元的矩阵也要随之扩展为 6×6 矩阵。

6.6.1　算例 1

已知在图 4-2 中 P 点处与 Z 轴成 45°处的外表面存在残余拉应力 $p_x = 45$MPa，$p_Y = 40$MPa，$p_z = 40$MPa。根据 6.5 节所述的机理，即综合运用 Wozney 准则和统一强度理论，在 P 点处产生足够的动应力。

在圆盘 1 和圆盘 2 添加偏心质量：圆盘 1 的偏心质量为 0.08kg，偏心距离为 0.03m；圆盘 2 的偏心质量为 0.12kg，偏心距离为 0.025m。由 Newmark 法计算转轴上节点 4 的弯曲和扭转响应，分别如图 6-10(a) 和图 6-10(b) 所示。选择积分

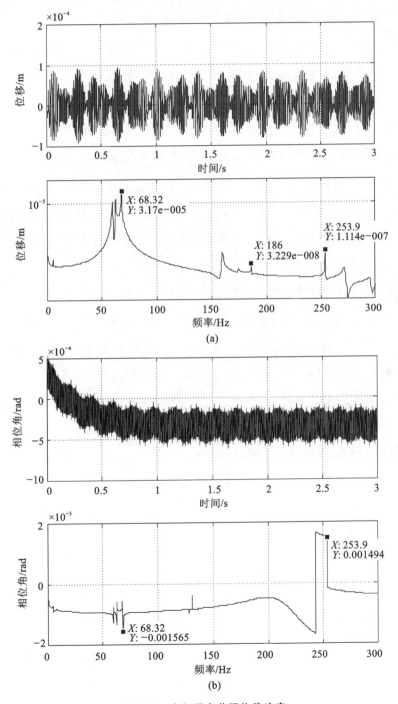

图 6-10 弯扭耦合共振位移响应

步长 $\Delta t = 0.001\text{s}$，参数 $\gamma = 0.5$、$\beta = 0.25$ 。

从图 6-10(a)可以看出，图中弯曲振动峰值 68.32Hz 是与电机转速同步的偏心激励响应，约等于电机旋转频率 68.17Hz；峰值 186Hz 是耦合振动产生的弯曲振动响应，约等于扭转振动激励频率与电机旋转频率之差，即 $254.0 - 68.17 = 185.83$，将激起第二阶弯曲共振。图 6-10(b)中的峰值 253.9Hz 是扭转激励产生的扭转振动，约等于扭转振动激励频率 254Hz，将激起第一阶扭转共振。由于弯曲与扭转之间相互影响，图 6-10(a)产生了约等于扭转振动激励频率的弯曲振动响应 253.9Hz，图 6-10(b)产生了约等于电机旋转频率的扭转振动响应 68.32Hz。此时产生弯扭耦合共振，弯曲振动与扭转振动相互加强。

通过型函数和本构关系求得点 P 处 X 方向弯曲应力、Y 方向弯曲应力、Z 方向轴向应力、Z 轴向剪切应力、X 方向剪切应力和 Y 方向剪切应力的时域曲线如图6-11(a)～图 6-11(f)所示。第一、第二和第三主应力分别如图 6-12(a)、图 6-12(b)和图 6-12(c)所示。

由图 6-11 可知，各个轴向均产生了动应力，尽管 X、Y 方向的剪切应力很小，也将会对整个动应力的组合做出贡献。由图 6-12 可知，三个主应力均不为零，因此弯扭耦合共振下转轴处于复杂的应力状态。得到了某个节点的三向应力状态，就可以通过方程 $\tau_{13} = (\sigma_1 - \sigma_3)/2$，$\tau_{12} = (\sigma_1 - \sigma_2)/2$，$\tau_{23} = (\sigma_2 - \sigma_3)/2$，求得该点的第一主剪切应力、第二主剪切应力、第三主剪切应力，如图 6-13(a)、图 6-13(b)和图 6-13(c)所示。

进行弯扭耦合振动时效时，可以采用以上的双剪应力屈服准则来判断材料是否进入局部微观塑性变形状态。由图 6-13 可以看出 $\tau_{13} \approx \tau_{12} + \tau_{23}$，说明计算结果符合应力状态中三个主剪切应力的关系。两个较大的主剪切应力为 τ_{13} 和 τ_{23}，两者之和约为 112MPa，如图 6-14 所示。

将 P 点处两个较大的主剪切应力 τ_{13} 和 τ_{23} 之和 112MPa 代入式(6-7)中，可知 $\tau_{13} + \tau_{23} + \boldsymbol{\sigma}_r > \sigma_s$，可以判断 P 点处将产生微观塑性变形，残余应力得到消减。实线为两个较大的主剪切应力，虚线为两个较大的主剪切应力与残余应力的叠加值。

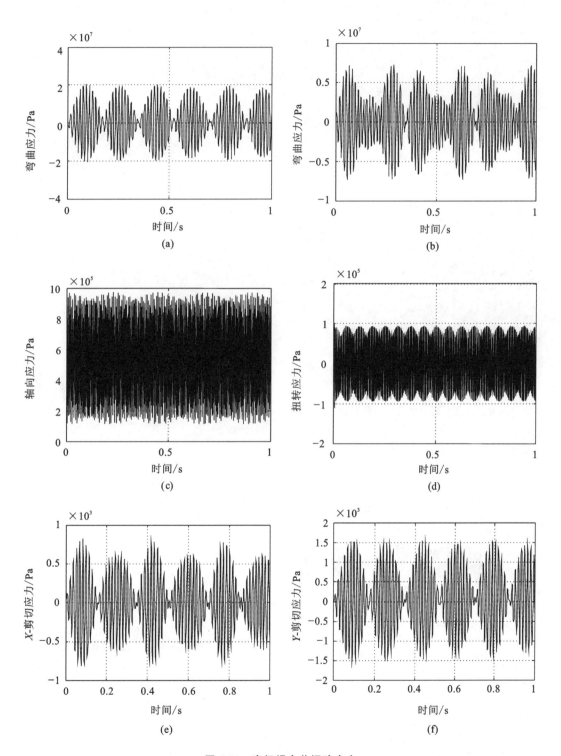

图 6-11 弯扭耦合共振动应力

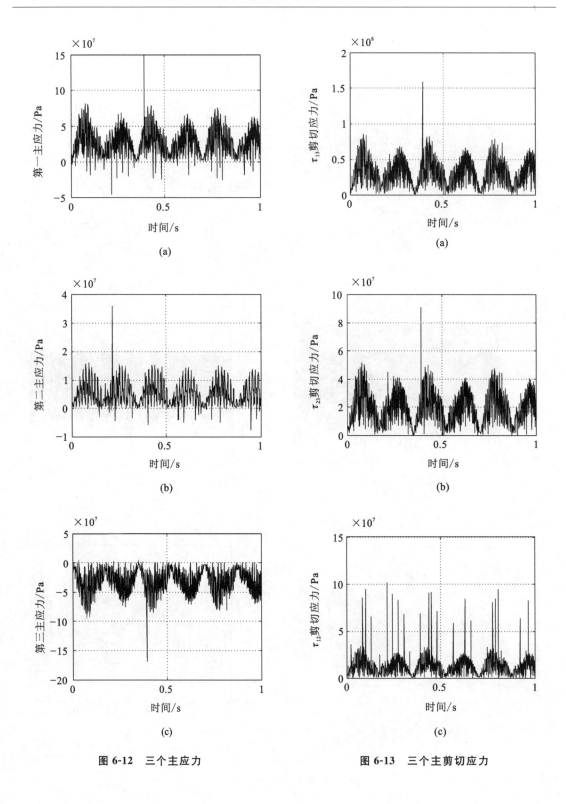

图 6-12　三个主应力

图 6-13　三个主剪切应力

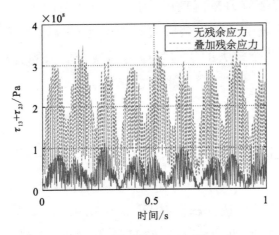

图 6-14 两个较大主剪切应力与残余应力叠加

6.6.2 算例 2

已知在图 4-2 中 Q 点处的残余应力的三个分量为 $p_X = 30\text{MPa}$，$p_Y = 30\text{MPa}$，$p_Z = 30\text{MPa}$，在圆盘 2 和圆盘 3 添加偏心质量：圆盘 2 的偏心质量为 0.15kg，偏心距离为 0.02m；圆盘 3 的偏心质量为 0.20kg，偏心距离为 0.02m。其余的条件和算例 1 相同，计算得到的动应力与残余应力的叠加如图 6-15 所示。选择积分步长 $\Delta t = 0.001\text{s}$，参数 $\gamma = 0.5$、$\beta = 0.25$。

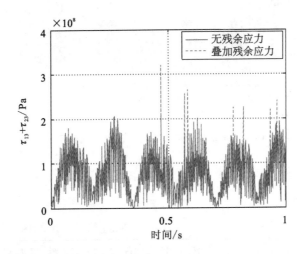

图 6-15 Q 点处两个较大主剪切应力与残余应力叠加 1

由图 6-15，共振产生的动应力已经足够大，数值已经达到材料的疲劳极限

202MPa,但是此时残余应力数值较小,动应力与残余应力的叠加值低于材料的屈服极限,即 $\tau_{13}+\tau_{23}+\sigma_r<\sigma_s$,残余应力不能得到有效地消减。实线为两个较大的主剪切应力,虚线为两个较大的主剪切应力与残余应力的叠加值。

6.6.3　算例 3

已知在图 4-2 中 Q 点处的残余应力的三个分量为 $p_X=-90MPa$,$p_Y=-90MPa$,$p_Z=-90MPa$。其余的条件和算例 2 相同,计算得到的动应力与残余应力的叠加如图 6-16 所示。选择积分步长 $\Delta t=0.001s$,参数 $\gamma=0.5$、$\beta=0.25$。

由图 6-16,共振产生的动应力已经足够大,数值已经达到材料的疲劳极限 202Mpa,但是残余应力的方向,与两个较大的主剪应力的方向不一致,动应力与残余应力的叠加值低于材料的屈服极限,即 $\tau_{13}+\tau_{23}+\sigma_r<\sigma_s$,残余应力也不能得到有效地消减。实线为两个较大的主剪切应力,虚线为两个较大的主剪切应力与残余应力的叠加值。

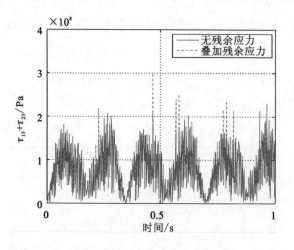

图 6-16　Q 点处两个较大主剪切应力与残余应力叠加 2

通过分析和讨论,要消减残余应力,残余应力的方向要与动应力的方向一致,而且残余应力不能过小。

在上述模型中,如果 $\alpha=1$ 且 $b=0.5$,则选择 Von Mises 屈服准则。根据式(6-8)和式(6-9),采用 Von Mises 准则比采用双剪屈服准则需要的剪切应力大,这在实际中的安全性就不如采用统一强度理论的强。如果转轴材料具有 SD 效应,则采用式(6-10)和式(6-11)来判定。

6.7 遗传算法的偏心矩优化

第 5.4 节已由遗传算法对转速进行取值,现确定转速之后,需要对偏心矩进行优化取值,以保证共振产生的动应力接近但小于疲劳极限以保证转轴不会发生疲劳破坏。由于动力学方程本身的时变特性、耦合特性,采用一般的优化方法对这样的方程进行优化有一定的困难,遗传算法在动态优化方面具有很好的适应性,适合进行动态特性的逆向分析,即采用了一种求解转动结构动力学逆问题的方法。

为了在动应力足够但小于疲劳极限这个约束条件下得到最优的偏心质量和偏心距离,对单一的偏心进行优化,通过编写优化函数,在 MATLAB 遗传算法工具箱中求得一个偏心的偏心质量和偏心距离,如图 6-17 所示。

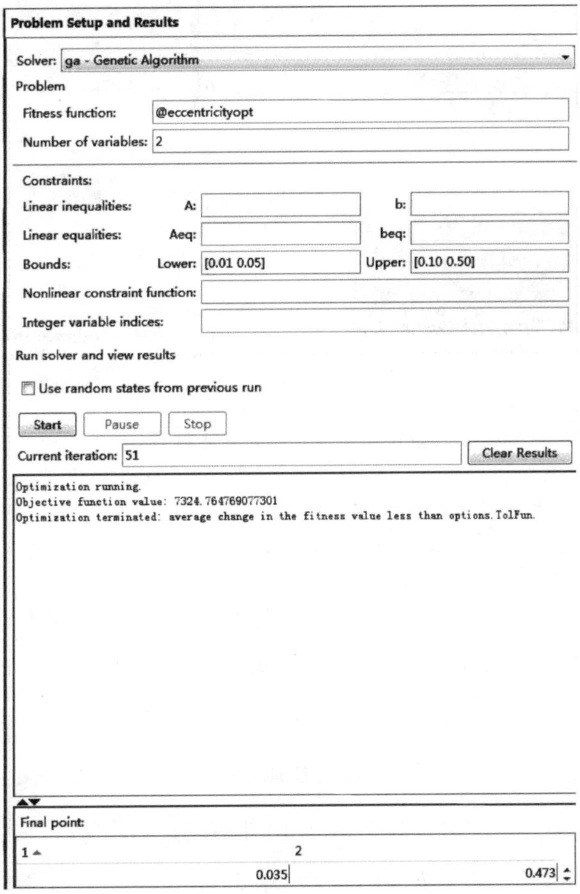

图 6-17 单偏心偏心优化

优化条件为 $\min(|\sigma_f - \sigma_d|)$，两个优化变量为 $0.01\text{m} < e_1 < 0.10\text{m}$ 和 $0.05\text{kg} < m_{u1} < 0.50\text{kg}$，优化函数为 eccentricityopt，根据第 5.5 节的动应力响应分析来编写。其中 σ_f 和 σ_d 分别为疲劳极限 198MPa 和动应力。旋转频率为 68Hz，力矩的幅值为 36N，频率为 254Hz，积分参数为 $\Delta t = 0.001\text{s}, \gamma = 0.5, \beta = 0.25$，时间历程为 2s。偏心优化计算过程如图 6-18 所示。

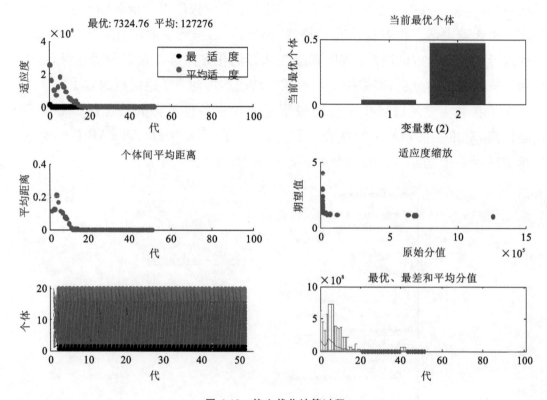

图 6-18 偏心优化计算过程

通过优化得到的偏心质量和偏心距离 $e_1 = 0.035\text{m}, m_{u1} = 0.473\text{kg}$ 代入到动力学方程中，计算其动应力结果如图 6-19 所示。

接下来对两个偏心进行优化，通过编写优化函数，在 MATLAB 遗传算法工具箱中求得两个偏心的偏心质量和偏心距离，如图 6-20 所示。

优化条件为 $\min(|\sigma_f - \sigma_d|)$，优化变量为 $0.01\text{m} < e_1 < 0.10\text{m}, 0.05\text{kg} < m_{u1} < 0.50\text{kg}, 0.01\text{m} < e_2 < 0.18\text{m}, 0.05\text{kg} < m_{u2} < 0.50\text{kg}$，优化函数为 eccentricityopt，根据第 5.5 节的动应力响应分析来编写。其中 σ_f 和 σ_d 分别为疲劳极限 198MPa 和动应力。旋转频率为 68Hz，力矩的幅值为 36N，频率为 254Hz，积分参数为 $\Delta t = 0.001\text{s}, \gamma = 0.5, \beta = 0.25$，时间历程为 2s。

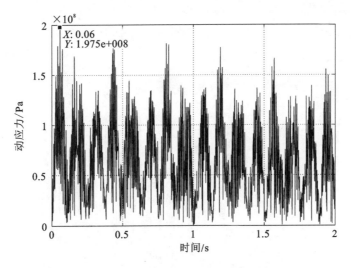

图 6-19　单偏心动应力优化

Problem Setup and Results

Solver: ga - Genetic Algorithm

Problem

Fitness function: @eccentricityopt

Number of variables: 4

Constraints:

Linear inequalities: A: b:

Linear equalities: Aeq: beq:

Bounds: Lower: [0.01 0.05 0.01 0.05   Upper: [0.10 0.50 0.18 0.50

Nonlinear constraint function:

Integer variable indices:

Run solver and view results

☐ Use random states from previous run

Start   Pause   Stop

Current iteration: 51   Clear Results

```
-------------------
Optimization running.
Objective function value: 78056.1777433753
Optimization terminated: average change in the fitness value less than
options.TolFun.
```

▲▼

Final point:

1 ▲	2	3	4
0.1	0.143	0.021	0.05

图 6-20　双偏心偏心优化

通过优化得到的偏心质量和偏心距离 $e_1 = 0.1\mathrm{m}, m_{u1} = 0.143\mathrm{kg}, e_2 = 0.021\mathrm{m}, m_{u2} = 0.05\mathrm{kg}$ 代入到动力学方程中,计算其动应力结果如图 6-21 所示。

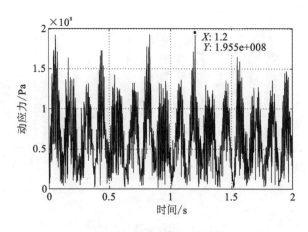

图 6-21   双偏心动应力优化

由此可知,动应力在疲劳极限以下,且足够大,达到振动时效的要求,采用逆向设计的方法能够很好地应用于弯扭耦合振动时效中。

本章应用强度理论,得到弯曲、扭转振动下的动态应力。根据强度理论求解应力张量的特征根,得到三向应力状态,三个主应力均不为零,说明应力状态是复杂应力状态,进而得到三个主剪切应力,随后引入统一强度理论,得到了弯扭耦合共振下的振动时效机理。通过引入残余应力分量,进行 3 个算例分析,结果表明残余应力的消除与残余应力的大小和方向有关,为进一步深入研究弯扭耦合共振式振动时效提供理论基础。

参 考 文 献

[1] 房德馨. 金属的残余应力与振动处理技术[M]. 大连：大连理工大学出版社，1989.

[2] WOZNEY G P, CRAWMER G R. An investigation of vibrational stress relief in steel[J]. Welding Journal, 1968, 9：411-419.

[3] LOKSHIN I K. Vibration treatment and dimensional stabilisation of castings [J]. Russian Castings Production, 1971：454-456.

[4] SAGALEVICH V M, MEISTER A M. Eliminating welding strains and stresses in sheet construction by vibration under load[J]. Svar Proit , 1971, 9：1-4.

[5] DAWSON R, MOFFAT D G. Vibratory stress relief：a fundamental study of its effectiveness[J]. Journal of Engineering Materials and Technology, 1980, 102(2)：169-176.

[6] WALKER C A, WADDELL A J, JOHNSTON D J. Vibratory stress relief —an investigation of the underlying processes[J]. Journal of Process Mechanical Engineering, 1995, 209：51-58.

[7] MUNSI A S M Y, WADDELL A J, WALKER C A. Vibratory stress relief—an investigation of the torsional stress effect in welded shafts[J]. Journal of Strain Analysis for Engineering Design, 2001, 36(5)：453-464.

[8] LINDGREN M, LEPISTO T. Vibratory stress relieving treatment of welded steel components studied by barkhausen noise method and X-ray diffraction [J]. Materials Science Forum, 2002, 404-407：393-398.

[9] 饶德林，陈立功，倪纯珍，等. 振动时效技术的研究状况[J]. 焊接，2004(11)：5-7.

[10] 房德馨，姚培勤. 用振动消除金属构件残余应力的原理和应用[J]. 大连工学院学报，1983，22(3)：77-80.

[11] 焦馥杰，茅鹏，浓瑜书. 振动时效机理研究[J]. 焊接学报，1992，13(3)：169-174.

[12] 查利权，汪凤泉. 确定振动时效参数的应力振型函数法[J]. 东南大学学报（自然科学版），1992，22(1)：12-16.

［13］ RAO D L, ZHU Z Q, CHEN L G, et al. Reduce the residual stress of welded structures by post-weld vibration[J]. Materials Science Forum，2005，490-491：102-106.

［14］ 宋天民,张国福,尹成江. 振动时效机理的研究[J].吉林大学自然科学学报，1995(1)：53-56.

［15］ 徐颖强,余旭东. 振动时效中结构动态参数变化机理的探讨[J].西北工业大学报,1994,12(3):467-470.

［16］ LI C M, CUI F K. Research on VSR process for large machine tool body[J]. Applied Mechanics & Materials，2011,44-47：349-354.

［17］ YANG J X, CHENG Y Z, CUI F K, et al. Research on processing parameters of large lathe bed's vibratory stress relife[J]. Key Engineering Materials，2011,455：454-457.

［18］ ZHAO X C, et al. Simulation of vibration stress relief after weldiny based on fem[J]. 金属学报(英文版)，2008，21(4)：289-294.

［19］ ZHANG Y B, CHEN S W, LIU C J, et al. The vibratory stress relief of drill pipe[J]. Materials Science Forum，2005，490-491：300-304.

［20］ JIA L, ZHAO Y S, ZOU Y, et al. Experimental study on the effect of welding residual stress relief by VSR method[J]. Advanced Materials Research，2011，154-155：1228-1231.

［21］ 王剑武,何闻.高频激振时效技术的研究[J].机床与液压,2005(9):9-11.

［22］ 蒋刚,何闻,郑建毅. 高频振动时效的机理与实验研究[J]. 浙江大学学报（工学版），2009，43(7)：1269-1272.

［23］ SHALVANDI M, HOJJAT Y, ABDULLAH A, et al. Influence of ultrasonic stress relief on stainless steel 316 specimens：a comparison with thermal stress relief[J]. Materials & Design，2013，46(4)：713-723.

［24］ 芦亚萍,何闻. 振动时效机理及其对疲劳寿命的影响分析[J]. 农业机械学报，2006，37(12)：197-200.

［25］ 陈树辉.强非线性振动的定量方法[M]. 广州:广东科技出版社,2004.

［26］ 朱因远,周纪卿.非线性振动和运动稳定性[M]. 西安:西安交通大学出版社,1992.

［27］ 张伟,陈予恕. 机械系统中的非线性动力学问题及其研究进展[J]. 中国机

械工程，1998，9(7)：64-69.

[28] 闻邦椿，李以农，韩清凯. 非线性振动理论中的解析方法及工程应用[M]. 沈阳：东北大学出版社，2001.

[29] 黄安基. 非线性振动[M]. 成都：西南交通大学出版社，1993.

[30] 褚亦清，李翠英. 非线性振动分析[M]. 北京：北京理工大学出版社，1996.

[31] 闻邦椿.“振动利用工程”学科近期的发展[J]. 振动工程学报，2007，20(5)：427-434.

[32] 闻邦椿，李以农，张义民，等. 振动利用工程[M]. 北京：科学出版社，2005.

[33] 闻邦椿，刘树英，何勋. 振动机械的理论与动态设计方法[M]. 北京：机械工业出版社，2001.

[34] 闻邦椿，李以农，徐培民，等. 工程非线性振动[M]. 北京：科学出版社，2007.

[35] 闻邦椿，刘凤翘，刘杰. 振动筛、振动给料机、振动输送机的设计与调试[M]. 北京：化学工业出版社，1989.

[36] TONDL A. Some problems of rotor dynamics[M]. Publishing House of the Czechoslovak Academy of Sciences，Prague，1965.

[37] RABKIN M A. Combined flexural-torsional vibrations of multidisk rotors [J]. Soviet Applied Mechanics，1973，9(3)：310-315.

[38] KELLENGBERGER W B，et al. Forced resonances in rotating shaft-the combined effects of bending and torsion[J]. Brown Boveri Rev，1980，2 (80)：117-121.

[39] COHEN R，PORAT I. Coupled torsional and transverse vibration of unbalance rotor，transactions of the ASME[J]. Journal of Applied Mechanics，1985，52(9)：701-705.

[40] SUKKAR R A，YIGIT A S. Analysis of fully coupled torsional and bending vibrations of unbalanced rotors subject to axial loads[J]. Kuwait Journal of Science & Engineering，2008，35(2B)：143-169.

[41] AL-BEDOOR B O. Transient torsional and lateral vibrations of unbalanced rotors with rotor-to-stator rubbing[J]. Journal of Sound & Vibration，2000，229(3)：627-645.

[42] AL-BEDOOR B O. Modeling the coupled torsional and lateral vibrations of unbalanced rotors[J]. Computer methods in Applied Mechanics & Engi-

neering，2001(190)：5999-6008.

[43] PERERA I. Theoretical and experiment study of coupled torsional-lateral vibrations in rotor dynamics [D]. Alberta，Canada：University of Calgary，1998.

[44] YUAN Z，CHU F，LIN Y. External and internal coupling effects of rotor's bending and torsional vibrations under unbalances[J]. Journal of Sound & Vibration，2007，299(1)：339-347.

[45] QIN Q H，MAO C X. Coupled torsional-flexural vibration of shaft systems in mechanical engineering—I. Finite element model[J]. Computers & Structures，1996，58(4)：835-843.

[46] PLAUT R H，WAUER J. Parametric，external and combination reso-nances in coupled flexural and torsional oscillations of an unbalanced rota-ting shaft[J]. Journal of Sound & Vibration，1995，183(183)：889-897.

[47] MOHIUDDIN M A，KHULIEF Y A. Coupled bending torsional vibration of rotors using finite element[J]. Journal of Sound & Vibration，1999，223(2)：297-316.

[48] MOHIUDDIN M A. Coupled bending torsional vibration of rotating shafts using finite element[D]. Saudi Arabin：King Fahd University of Petroleum and Minerals，1992.

[49] CHEN C S. Coupled lateral-torsional vibrations of geared rotor-bearing sys-tems[D]. Arizona，USA：Arizona State University，1993.

[50] KAPANIA R K，KIM Y Y. Flexural-torsional coupled vibration of slewing beams using various types of orthogonal polynomials[J]. Journal of Me-chanical Science & Technology，2006，20(11)：1790-1800.

[51] NELSON H D. A finite rotating shaft element using Timoshenko beam the-ory[J]. Journal of Mechanical Design，1980，102(4)：793-803.

[52] GREENHILL L M. A conical beam finite element for rotor dynamics analy-sis[J]. Journal of Vibration，Stress，and Reliability in Design，1985(107)：421-430.

[53] KHULIEF Y A，AL-SULAIMAN F A. Computational tradeoff in modal characteristics of complex rotor systems using FEM[J]. Arabian Journal for

Science & Engineering, 2012, 37(6):1653-1664.

[54] AGOSTINI C E, SOUSA E A C. Complex modal analysis of a vertical rotor through finite element method[J]. International Research Journal of Engineering Science, Technology and Innovation, 2012,1(5):111-121.

[55] KHULIEF Y A, AL-NASER H. Finite element dynamic analysis of drill-strings[J]. Finite Elements in Analysis & Design, 2015, 41 (13): 1270-1288.

[56] AN X L, JIANG D X, LIU C, et al. Numerical analysis of coupled lateral and torsional vibrations of a vertical unbalanced rotor[J]. Applied Mechanics & Materials, 2010,20(23): 352-357.

[57] WU J S, YANG I H. Computer method for torsion-and-flexure-coupled forced vibration of shafting system with damping[J]. Journal of Sound Vibration, 1995, 180(3):417-435.

[58] HSIEH S C, CHEN J H, LEE A C. A modified transfer matrix method for the coupled lateral and torsional vibrations of asymmetric rotor-bearing systems[J]. Journal of Sound & Vibration, 2008, 289(1):294-333.

[59] FERFECKI P. Study of coupling between bending and torsional vibration of cracked rotor system supported by radial active magnetic bearings[J]. Applied & Computational Mechanics, 2007, 1(2):427-436.

[60] DARPE A K, GUPTA K, CHAWLA A. Coupled bending, longitudinal and torsional vibrations of a cracked rotor[J]. Journal of Sound & Vibration, 2004, 269(1):33-60.

[61] SZOLC T. On the discrete continuous modeling of rotor systems for the analysis of coupled lateral torsional vibrations[J]. International Journal of Rotating Machinery, 2007, 6(2):135-149.

[62] DAS A S, DUTT J K, RAY K. Active control of coupled flexural-torsional vibration in a flexible rotor-bearing system using electromagnetic actuator [J]. International Journal of Non-Linear Mechanics, 2011, 46 (9): 1093-1109.

[63] MASU L M, TCHOMENI B X, ALUGONGO A A. Insitu modelling of lateral-torsional vibration of a rotor-stator with multiple parametric excita-

tions［J］. International Journal of Mechanical，Aerospace，Industrial，Mechatronic and Manufacturing Engineering,2014,8(11):1829-1835.

［64］ RAO J S. History of rotating machinery dynamics[M]. Berlin，Germany：Springer-Verlag，2011.

［65］ KULESZA Z. Rotor crack detection approach using controlled shaft deflect［J］. Acta Mechanica et Automatica，2012，6(4):32-40.

［66］ 黄典贵，朱力，蒋滋康. 不平衡转子弯、扭耦合振动的数值仿真[J]. 汽轮机技术，1995(6):346-348.

［67］ 蔺蒙. 类发电机转子弯扭耦合振动特性的研究[D]. 北京:华北电力大学，2000.

［68］ 任福春，杨昆. 汽轮发电机组轴系弯曲和扭转振动的耦合作用[J]. 华北电力大学学报，1997(1):27-31.

［69］ 何成兵，顾煜炯，陈祖强. 质量不平衡转子的弯扭耦合振动分析[J]. 中国电机工程学报，2006,26(14):136-141.

［70］ 沈小要，赵玫，荆建平. 不平衡转子弯扭耦合振动特性研究[J]. 第九届全国振动理论及应用学术会议论文集，2007.

［71］ 贾九红，沈小要. 外激励作用下不平衡转子系统弯扭耦合非线性振动特性研究[J]. 汽轮机技术，2010,52(1):45-48.

［72］ 赖凌云. 双圆盘转子弯扭耦合振动研究［D］. 哈尔滨:哈尔滨工业大学，2009.

［73］ 付波. 基于弯扭耦合振动与轴心轨迹辨识的水轮发电机组故障诊断研究［D］. 武汉:华中科技大学，2006.

［74］ 张勇，蒋滋康. 轴系弯扭耦合振动的数学模型[J]. 清华大学学报(自然科学版)，1998(8):114-121.

［75］ 张勇，蒋滋康. 旋转轴系弯-扭振动耦合的数值分析[J]. 汽轮机技术，1999,41(5):280-283.

［76］ 张勇，蒋滋康. 旋转轴系弯曲振动与扭转振动耦合的分析[J]. 清华大学学报(自然科学版)，2000,40(6):80-83.

［77］ 殷建锋. 汽轮发电机组轴系弯扭耦合振动主动控制模拟研究[D]. 天津:天津大学，2003.

［78］ 何成兵，顾煜炯，杨昆. 汽轮发电机组轴系弯扭耦合振动的数学模型[J]. 汽

轮机技术，2005(1):6-9.

[79] 张俊红，孙少军，程晓鸣，等. 弯扭耦合的旋转机械轴系弯振特性的研究 [J]. 动力工程学报，2005,25(3):5-11.

[80] 李强，李周复，董国庆，等. 某风洞动力轴系弯扭耦合的弯振特性研究[J]. 机械传动，2009(5):17-19.

[81] 何成兵，顾煜炯. 增量传递矩阵法及其在轴系弯扭耦合振动中的应用[J]. 振动工程学报，2006,19(2):219-226.

[82] 何成兵，顾煜炯，董玉亮. 非同期并列时汽轮发电机组轴系弯扭耦合振动分析[J]. 中国电机工程学报，2007(9):92-99.

[83] 何成兵，顾煜炯，邢诚. 短路故障时汽轮发电机组轴系弯扭耦合振动分析[J]. 中国电机工程学报，2010(32):84-90.

[84] 许崇顺. 压缩机组转子动力学特性的研究[D]. 沈阳:东北大学，2005.

[85] 王科社，王正光. 轴系弯扭振动的频率分析方法[J]. 北京信息科技大学学报(自然科学版)，2001,16(4):11-14.

[86] 朱保伟. 汽轮发电机组模拟机轴系弯扭耦合振动特性研究[D]. 北京:华北电力大学，2007.

[87] 朱怀亮. 大位移 Timoshenko 转轴三维耦合动力学分析[J]. 应用数学和力学，2002,23(12):1261-1268.

[88] 舒歌群，饶里，林建生，等. 连续分布轴系扭/弯耦合振动的自由振动研究 [J]. 车辆与动力技术，2000(4):1-6.

[89] 舒歌群，梁兴雨. 基于自重影响的连续轴扭/弯耦合振动的研究[J]. 工程力学，2005,22(2):168-173.

[90] 陈予恕，李军. 汽轮发电机组轴系弯扭耦合振动问题研究综述[J]. 汽轮机技术，2012(3):161-164.

[91] 张勇. 汽轮发电机组轴系扭转振动及弯-扭振动耦合的研究[D]. 北京:清华大学，1997.

[92] MUSZYNSKA A. Rotordynamics[M]. Taylor & Francis, Boca Raton, 2005.

[93] 虞烈，刘恒. 轴承-转子系统动力学[M]. 西安:西安交通大学出版社，2001.

[94] KANG C H, HSU W C, LEE E K, et al. Dynamic analysis of gear-rotor system with viscoelastic supports under residual shaft bow effect[J]. Mech-

anism & Machine Theory，2011，46(3)：264-275.

[95] LUND J W. The stability of an elastic rotor in journal bearings with flexible，damped supports[J]. Journal of Applied Mechanics，1965，32(4)：911.

[96] 钟一谔. 转子动力学[M]. 北京：清华大学出版社，1987.

[97] 车永强. 齿轮传动双转子弯扭振动研究[D]. 杭州：浙江大学，2012.

[98] 俞茂宏. 强度理论新体系：理论发展和应用[M]. 西安：西安交通大学出版社，2011.

[99] 黄院星. 弯扭耦合共振式振动时效的机理研究及装置设计[D].南宁：广西大学，2018.